LA RAMIE

PRÉPARATION, UTILISATION

INDUSTRIELLE

COMPTE RENDU IN EXTENSO

DES SÉANCES DU CONGRÈS

ET DU

CONCOURS INTERNATIONAL DE LA RAMIE

(JUIN OCTOBRE 1900)

AVEC UNE PRÉFACE

PAR

M. Maxime CORNU

Professeur, Administrateur du Muséum d'Histoire Naturelle
Président du Congrès et du Jury du Concours de la Ramie.

PARIS

BUREAUX DE LA *REVUE DES CULTURES COLONIALES*

44, RUE DE LA CHAUSSÉE D'ANTIN, 44

1900

LE

CONGRÈS INTERNATIONAL

DE

LA RAMIE

COMPTE RENDU IN-EXTENSO DE LA PREMIÈRE SESSION

28, 29 et 30 Juin 1900

Extrait de la *REVUE DES CULTURES COLONIALES*

PARIS

BUREAUX DE LA "REVUE DES CULTURES COLONIALES"

44, RUE DE LA CHAUSSÉE-D'ANTIN, 44

—

1900

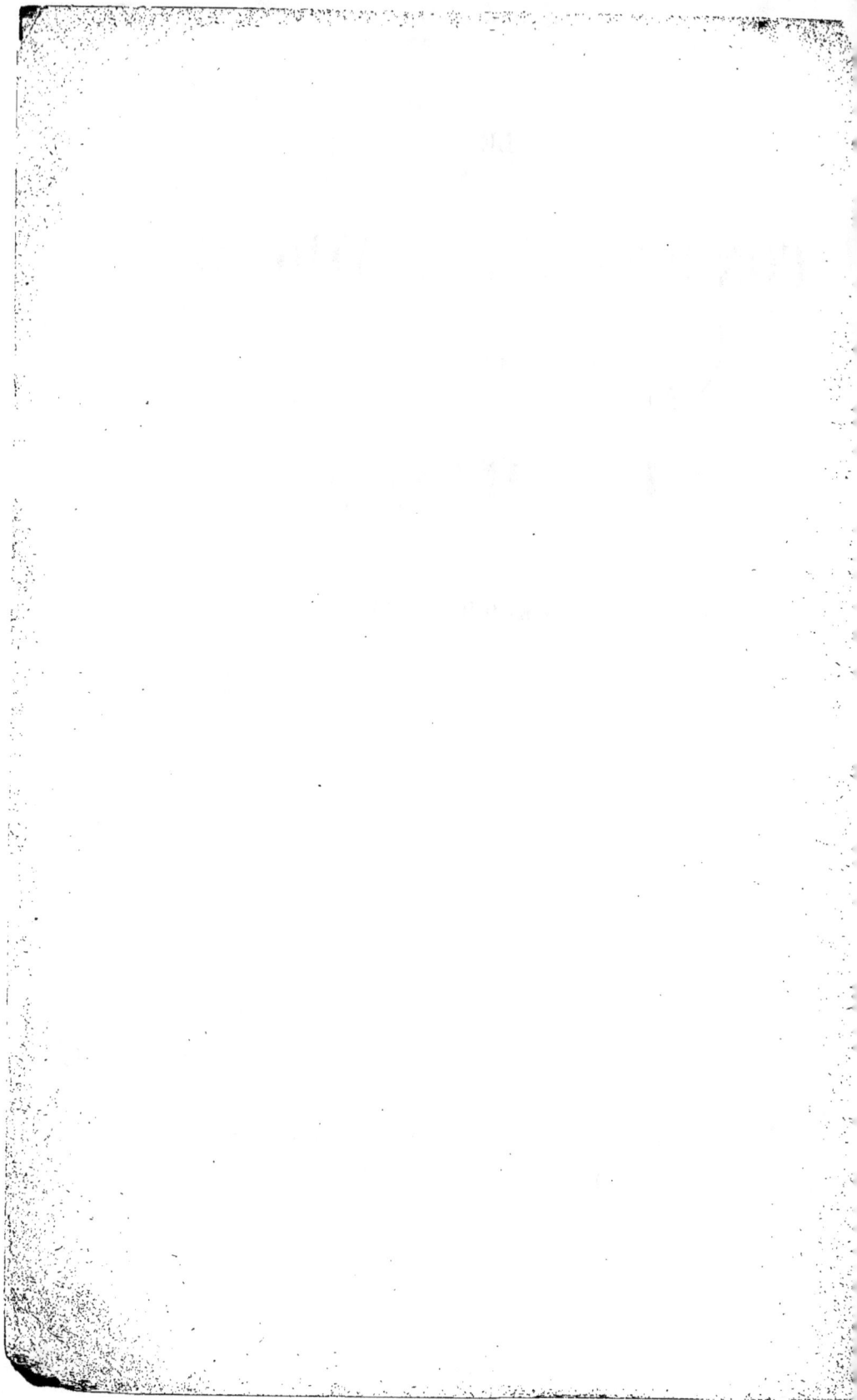

LE CONGRÈS INTERNATIONAL DE LA RAMIE

Compte rendu de la première session : 28, 29 et 30 juin 1900

Le Congrès international de la Ramie s'est ouvert le 28 juin, à 2 heures 1/2, au Trocadéro, dans la coquette salle des conférences de l'Exposition coloniale, gracieusement mise à la disposition de la commission d'organisation du Congrès par M. Charles-Roux, commissaire général de l'Exposition coloniale.

Au bureau avaient pris place, auprès de M. Charles-Roux : MM. Marcel Saint-Germain, sénateur d'Oran, directeur de l'Exposition coloniale, et Maxime Cornu, professeur administrateur au Muséum, président de la commission d'organisation du Congrès.

Aux premiers rangs de l'assistance on remarquait MM. Binger, directeur des affaires de l'Afrique au ministère des colonies, délégué auprès du Congrès par le ministre des colonies; M. Boistel, attaché principal au ministère de l'agriculture, délégué du ministre de l'agriculture; Dodge, directeur du département de l'agriculture des États-Unis; Legris, délégué du Mexique; Martel, délégué de la Chambre syndicale des tissus; Gavelle-Brière, délégué de l'industrie linière; les commissaires des sections coloniales de l'Exposition intéressées à ce Congrès, et de nombreux membres français et étrangers.

En ouvrant la séance, M. Charles-Roux exprime la satisfaction qu'il éprouve de pouvoir offrir l'hospitalité aux membres du Congrès de la Ramie; il tient à remercier tout particulièrement les représentants des gouvernements étrangers qui sont présents à cette séance et notamment M. Dodge, directeur du département de l'agriculture des États-Unis.

« Ce qui m'a surtout plu dans votre Congrès, ajoute M. Charles-Roux, c'est la façon pratique dont son organisation est conçue. Cette première session n'est que la préface, bientôt suivie d'expériences et de concours, après lesquels vous pourrez, en octobre prochain, prendre, en toute connaissance de cause, les décisions que le monde agricole et colonial attend de vous.

« Cette façon de procéder me paraît excellente à tous égards. Votre commission d'organisation a su grouper autour d'elle, en France comme à l'étranger, les éléments d'instruction les plus intéressants. Elle vous présente un programme de travaux absolument pratique. Nous sommes en droit d'attendre de vos efforts les plus heureux résultats. »

Avant de procéder à l'élection du bureau, M. J. Charles-Roux rend un hommage ému à la mémoire de M. Berger, vice-président de la commission d'organisation du Congrès. « Il était, dit-il, un de mes amis; il a siégé avec moi dans plusieurs assemblées, et notamment au Comptoir national d'Escompte; je vous demande de vous associer aux regrets que m'inspire sa mort prématurée. »

M. le commissaire général de l'Exposition coloniale convie ensuite l'assistance à élire le bureau du Congrès et lui propose les noms suivants :

Président : M. Maxime Cornu, professeur-administrateur au Muséum;

Vice-Présidents : MM. Chailley-Bert, secrétaire général de l'Union coloniale; Dodge, directeur du département de l'agriculture aux États-Unis;

Martel, délégué de l'Association générale des tissus;

Rapporteur général : M. Rivière, directeur du Jardin d'essai du Hamma, à Alger ;

Secrétaires : MM. Paul Marcou, docteur en droit ;

Georges Marcou ;

Milhe-Poutingon, Directeur de la *Revue des Cultures Coloniales.*

Ces divers choix sont ratifiés à l'unanimité des membres présents.

M. Charles-Roux ajoute : « Messieurs, votre bureau est constitué. Il était difficile que vous placiez vos intérêts en des mains plus expertes. Je vous laisse à vos délibérations et je cède ma place à M. Maxime Cornu. »

En prenant la présidence, M. Maxime Cornu prononce l'important discours que nous reproduisons *in extenso :*

MESSIEURS,

Il y a quelques mois, plusieurs de nos collègues de l'Union coloniale se sont réunis et ont décidé de reprendre, s'il était possible, l'étude de la question de la Ramie.

Dans notre pays, depuis de longues années, des essais nombreux ont été faits dans le but de tirer parti, pour l'industrie textile, dans son sens le plus large, de cette admirable plante, l'Ortie de Chine *(Bœhmeria nivea).*

Cette plante qui peut se cultiver en France, dans un climat relativement doux où les hivers ne sont pas rigoureux, donne même dans la région de Paris des tiges qui peuvent se prêter aux études théoriques et même dans une certaine mesure aux applications pratiques.

Aussi de nombreuses tentatives ont-elles été faites, dans diverses régions du Nord, du Centre, de l'Ouest et de l'Est, principalement dans la région méridionale ; des sociétés se sont fondées qui ont dépensé beaucoup d'argent et ont obtenu des résultats curieux, intéressants et à coup sûr dignes des plus grands éloges.

Les encouragements officiels et autres n'ont pas fait défaut. Un ministre a nommé une commission qui a pris l'initiative d'expériences spéciales en 1888 et 1889 ; une importante société d'agriculture a cru devoir en 1891 serrer de plus près la question et a organisé des essais comparatifs assez coûteux, entrepris concurremment avec une culture de la plante s'étendant sur plus de deux hectares afin d'alimenter des machines mises en œuvre : ces diverses expériences ont été internationales et ont excité un vif intérêt.

Nous pouvons dire que notre pays a pris dans cette affaire une position très importante ; chacune de ses tentatives a amené la constatation de faits nouveaux et la question a fait ainsi de véritables progrès.

Les constructeurs de machines, les chimistes, les industriels, ont exécuté de nombreux travaux, ont réalisé des découvertes réelles.

Pendant ce temps, les autres nations ne restaient point inactives, et tandis que les unes offraient des prix très considérables pour la solution du problème, d'autres suscitaient des inventeurs dont les noms sont célèbres dans l'histoire de la Ramie. On sait que dans les pays chauds certaines industries sont même déjà à l'œuvre.

Nous avons pensé que l'Exposition Universelle de 1900 nous offrait une occasion unique de faire appel à tous ceux qui s'intéressent au problème difficile de l'utilisation industrielle des fibres de la Ramie ; de se réunir pour étudier ensemble les moyens d'arriver au but que nous désirons tous ; de grouper les résultats déjà obtenus par quelques-uns ; de signaler les difficultés en partie surmontées et de montrer la voie à suivre ; en un mot, de grouper nos efforts, de contrôler nos méthodes et de nous entr'aider aussi efficacement que possible dans l'intérêt général de la production de ce magnifique textile.

La Ramie, en effet, est un textile remarquable que l'industrie peut mélanger au lin ou à la laine ; traitée industriellement d'une manière analogue, la fibre solide et résistante possède une ténacité extrême, et peut par un traitement convenable devenir blanche et soyeuse. Elle ressemble alors d'une façon merveilleuse à la soie elle-même ; d'un autre côté, sous une forme moins épurée, elle peut donner des cordes solides et résistantes. Enfin elle peut fournir une pâte à papier de premier ordre, et plusieurs gouvernements n'ont pas hésité à la choisir pour constituer la matière de leurs billets de banque.

Mais l'extraction de la fibre entraîne des frais considérables : de sorte qu'on ne peut jusqu'ici l'utiliser économiquement que dans des cas très spéciaux et pour des opérations particulières.

En Chine, où la main-d'œuvre est à si bas prix, la préparation de la fibre se fait d'une manière très simple : les indigènes grattent l'écorce à la main et en extraient des lanières qui ressemblent grandement à du foin, d'où le nom de *China-grass*, et dans la plupart des cas c'est cette écorce ainsi préparée que le commerce nous apporte en Europe et que nous mettons en œuvre. Mais elle est chère et nous ne sommes pas maîtres de nous en approvisionner à notre gré : nous recevons ce qui est disponible et nous subissons la variation du prix sans pouvoir y porter remède.

Cette préparation à la main est très facile et donne un produit excellent : elle serait à encourager dans nos colonies pourvues de main-d'œuvre si l'on pouvait y introduire cette tradition ; mais on n'a pas réussi jusqu'à présent. On a essayé au Tonkin sans y parvenir. Ce serait une œuvre excellente si l'on pouvait obtenir des indigènes d'utiliser dans ce sens la main-d'œuvre presque sans valeur des enfants et des femmes encore incapables d'être employés au travail des rizières.

Le jury spécial de la commission de la Ramie en 1889 a témoigné l'intérêt qu'il attachait à ce procédé primitif, en accordant une médaille d'argent, parmi les procédés de décortication, à la personne qui présentait ce mode de préparation de l'écorce.

Il est remarquable de voir que jusqu'à présent il semble que l'industrie européenne n'ait pas réussi à fournir à un prix suffisamment abaissé le produit comparable à ce que nous appelons le China-grass ; dans notre Europe, du moins jusqu'à présent, nous sommes très près de la solution, si l'on en juge d'après certains échantillons très beaux obtenus, par plusieurs méthodes, et il est probable que, transportés hors de France, sous les Tropiques, dans les régions où la Ramie pousse vigoureusement et où la main-d'œuvre n'est pas trop chère, on pourra lutter avec succès contre la préparation à la main des Chinois.

C'est notre espérance très vive, c'est même notre conviction, et c'est pour cela que nous nous réunissons aujourd'hui.

Il ne faut pas que la Ramie soit comme le *Phormium tenax* de la Nouvelle-Zélande, un textile qu'il a fallu abandonner parce que la préparation industrielle n'a pu atteindre économiquement les résultats qu'obtenaient autrefois les populations sauvages à l'aide des instruments les plus rudimentaires, de coquillages et de pierres composites.

Nous espérons fermement que nous touchons à la solution et que c'est seulement une question de quelques perfectionnements.

Permettez-moi d'arrêter un instant votre attention sur le problème que nous avons à résoudre, non pas pour préconiser telle ou telle catégorie d'opérations, mais pour exposer aussi impartialement que possible, et sans entrer dans aucun détail, la cause scientifique de la difficulté du sujet, cause tirée de la structure anatomique de la plante qui nous occupe.

L'extraction des fibres de la Ramie offre des difficultés qui ne se présentent pas dans les autres textiles.

Dans le cas du chanvre, du lin, du jute et d'autres encore, le rouissage produit de bons effets ; pour les agaves et plantes analogues (Hennequen, Sisal, Sanseviera, chanvre de Manille), un écrasement, un grattage, un battage, combinés avec un mouillage ou un séchage, suffisent pour donner des fibres à l'état définitif : on possède alors une finesse résistante et solide.

Pour la Ramie, on est bien loin de là. Les fibres ne sont pas réunies en faisceaux, en cordelettes dont les éléments sont étroitement soudés par leurs faces latérales. Elles sont isolées les unes des autres et disjointes; c'est ce qui fait leur pureté et leur beauté: le rouissage de la partie corticale qui les renferme les isolerait les unes des autres et ne donnerait qu'une masse emmêlée, ressemblant plus à de la pulpe qu'à de la filasse. En outre, ces fibres sont, dans l'écorce, recouvertes par deux lames étroitement unies et qui interdisent une extraction facile.

La plus extérieure de ces lames est ce qu'on appelle la *pellicule externe* : elle est constituée par l'épiderme de la plante, épiderme qui, rapidement, se transforme en une lame brune qui a la constitution chimique du liège et offre une résistance extrême au rouissage et à la plupart des dissolvants.

Cette pellicule, très peu développée dans les tiges jeunes et vigoureuses, ne tarde pas, dans les pays secs, à brunir et à épaissir; nous en tirons cette première indication que dans les régions où la végétation sera très active et très vigoureuse l'enlèvement de cette pellicule sera plus facile que partout ailleurs. Je ne peux pas signaler tous les procédés directs ou indirects indiqués pour s'en débarrasser ou pour l'isoler ; je dirai seulement que sur les tiges fraîches cette pellicule peut assez facilement se dissoudre dans les alcalis, à la pression ordinaire ou sans pression.

Sur les tiges sèches, elle montre une résistance plus grande et doit être traitée plus énergiquement encore.

Des procédés divers très ingénieux sont proposés pour la faire disparaître ou pour l'isoler.

Mentionnons que pour les tiges sèches on peut l'enlever par un moyen mécanique en la réduisant en poussière par un battage approprié.

Dans aucun autre textile on ne rencontre une difficulté semblable.

Au-dessous de la pellicule se trouve une seconde lame constituée par ce tissu que les Allemands ont appelé *collenchyme*, nom qui rappelle sa nature agglutinative ; c'est ce qu'on peut appeler la *gomme proprement dite*. Elle fermente aisément quand elle est fraîche; elle se gonfle sous l'action des alcalis et peut se détruire assez facilement. Sur les lanières sèches elle offre une plus grande résistance, mais ne présente pas autant de difficulté que la pellicule.

Les Chinois nous livrent des lanières d'écorces dépelliculées qui ne renferment plus qu'une faible partie de ce tissu desséché et sont bien plus faciles à transformer en un textile utilisable. C'est la raison scientifique de la valeur du China-grass.

Enfin les fibres elles-mêmes sont entourées d'un tissu qui les agglutine, mais offre une résistance relativement faible aux actions chimiques ou physiques.

C'est dans cet état que se trouvent en général les éléments textiles des autres plantes ; et vous voyez quel travail il faut accomplir avant d'en arriver au point où nous trouvons les autres en général à l'état naturel.

Je m'arrête là dans cet exposé pour constater le nombre considérable de tentatives faites par des inventeurs en vue d'aborder et résoudre le problème de la préparation des écorces pour l'industrie; il faudrait de longues heures pour apporter devant vous un résumé même très succinct de ce qui a été essayé.

Qu'il me soit permis en terminant de constater, comme je l'ai déjà fait plus haut, que nous possédons sûrement des solutions très approchées du problème; que ces solutions sont très probablement suffisantes pour certains desiderata de l'industrie; qu'elle a des besoins très divers, qu'elle peut suivant les cas être moins exigeante que dans d'autres; enfin que dans le fonctionnement des machines, dans le contrôle des procédés, les éléments de l'expérience en Europe ne sont peut-être pas très favorables; qu'il conviendrait de les examiner avec bienveillance en faisant la part des conditions incomplètes chez nous ; qu'il conviendrait d'avoir un peu confiance et d'oser transporter les expériences sur leur véritable terrain, c'est-à-dire dans les régions où la Ramie peut être cultivée avec succès sur de vastes espaces.

Les résultats seraient peut-être tout autres que sur le terrain très exigu où nous sommes forcément placés et probablement beaucoup meilleurs que ceux que nous enregistrons aujourd'hui.

Enfin, il serait peut-être bon de ne pas demander aux procédés une perfection trop grande qui, dans certaines industries, serait probablement inutile.

Messieurs, dans les séances successives du Comité préparatoire, qui réunissaient un certain nombre de personnes ayant déjà travaillé sérieusement la question de la Ramie, nous avons essayé de définir et de préciser divers points de l'histoire de ce textile.

Nous avons chargé M. Ch. Rivière, directeur du Jardin d'essai du Hamma, dont la compétence est bien connue, de faire un rapport sur la plupart des points où nous nous sommes trouvés d'accord, afin que ce rapport puisse servir de base à la discussion qui va s'ouvrir.

Il vous exposera successivement l'histoire de la Ramie et les particularités qui s'y rattachent.

Nous vous demandons de nous donner votre avis sur les faits qui sont relatés et nous vous prions de les contrôler.

M. Rivière passera en revue les trois parties qui constituent le programme de nos études.

M. le Président donne ensuite la parole à M. Rivière pour la lecture de son rapport, dont voici le texte *in extenso* :

LA RAMIE

SITUATION DE SA CULTURE ET DE SON INDUSTRIE EN 1900

Le présent exposé, qui n'a aucun caractère didactique, n'est qu'une simple mise au point de la question à l'époque actuelle.

Les historiques et les dissertations scientifiques, botaniques, chimiques et mécaniques si souvent reproduites dans les ouvrages spéciaux en ont été rigoureusement éliminés afin de maintenir la présentation de la situation et des faits connus dans la forme la plus pratique.

En n'abordant que l'étude des principales propositions qui arrêtent encore l'emploi de la Ramie dans l'industrie textile, où elle paraît devoir prendre avant peu un rôle important, peut-être établira-t-on, à l'aide d'observations précises, les conditions économiques de sa production et de son emploi.

•

* *

Depuis une cinquantaine d'années l'utilisation de la *Ramie* ou *China-grass* dans l'industrie, puis la culture de cette Urticée sont à l'ordre du jour dans nos colonies, ainsi que dans d'autres pays, notamment dans les Indes anglaises et néerlandaises.

Pendant la guerre américaine de Sécession, l'industrie européenne avait recherché cette matière textile dont la production insuffisante et le traitement difficile en arrêtèrent bientôt l'emploi.

Cependant l'Exposition universelle de 1878 avait donné un nouvel essor à cette question, mais dans cette nouvelle phase la pratique se heurta encore aux difficultés inhérentes à la décortication et à la défibration de la plante.

On pensait devoir résoudre facilement ces problèmes à la suite de l'Exposition universelle de 1889, mais les résultats des concours internationaux ne modifièrent pas l'état latent d'une question qui intéressait cependant tout particulièrement le monde colonial et les pays intertropicaux à la recherche de cultures nouvelles.

Il est évident que la nature toute particulière des matières agglutinatives difficilement solubles qui emprisonnent les fibres dans les couches corticales présente aux traitements mécaniques et chimiques, exigés pour les extraire et les dégommer, des obstacles réels d'ordre technique et économique. De là l'invention de procédés les plus divers qui jetèrent le trouble dans l'esprit du cultivateur et du manufacturier (1).

On en était arrivé à conclure, peut-être logiquement, que puisque la Ramie ne se prêtait pas avec facilité à une préparation parfaite et économique, sa place n'était pas particulièrement indiquée dans l'industrie, suffisamment alimentée avec les principaux filifères connus, chanvre, lin et coton. En résumé, on n'avait pas besoin d'un textile nouveau, cher, d'utilisation difficile, peut-être égal au lin, mais inférieur à la soie.

Telle était, en effet, la situation de la Ramie devant l'industrie française tout au moins, tant que la production du chanvre et du lin suffisait à ses besoins.

Mais très sensiblement cette situation s'est modifiée en Europe, puis sur notre territoire ces cultures ont périclité, et en outre on s'est demandé sagement si aucun obstacle ne pourrait un jour entraver dans la métropole l'emploi du coton que nos possessions coloniales ne produisent pas, soit par des causes climatériques, soit par l'insuffisance de la main-d'œuvre.

Les matières textiles, pour des causes diverses, pourraient manquer et déjà la culture du lin et du chanvre disparaît en France malgré les primes offertes et payées qui se sont élevées à 2.500.000 francs, soit 92 fr. 50 par hectare, pour l'année 1899.

La France devient donc tributaire de l'étranger pour tous les produits filifères employés par ses manufactures et l'on recherche alors si nos colonies, où les cultures productives sont loin d'être précisées, ne pourraient pas fournir aux usines métropolitaines la Ramie, qui paraît être désignée comme matière première de grande utilisation.

Des raisons analogues paraissent guider d'autres nations dans la recherche de l'emploi de la Ramie. Toute l'agriculture coloniale pense que la pérennité de cette plante et sa facilité de culture permettraient de lutter dans certains cas et pour beaucoup d'articles contre le coton annuel et, d'autre part, les industriels espèrent trouver dans ce textile tout à la fois une solidité et une qualité exceptionnelles.

La situation semble donc se modifier avantageusement du moment que la Ramie correspond maintenant à un besoin réel devant lequel les quelques obstacles de défibration complète et facile ne sauraient résister.

Le seul nœud de la question est là : la nécessité et la place de la Ramie dans l'industrie textile.

*
* *

Actuellement, la question se pose ainsi :

La Ramie (*China-grass*) fournie par les Chinois aux manufactures européennes est insuffisante pour leurs besoins ; les cours en sont variables, mais souvent élevés.

(1) Les corps agglutinatifs ont été décrits par Frémy : ce sont la *cutose*, la *vasculose* et la *pectose*, qu'il faut dissoudre ou précipiter sans attaquer la cellulose fibrique.

Cette matière arrive sur nos marchés à l'état de lanières qui ont été obtenues manuellement par différentes préparations, raclage, rouissage, séchage, etc., qui leur ont fait perdre une grande partie de leur gomme.

L'industrie demande donc :

1° Si la culture de la Ramie qui est confinée dans un centre sino-asiatique peut en sortir et s'étendre dans des climats analogues et même plus favorables ;

2° Si les procédés manuels des Chinois peuvent être remplacés par des moyens plus industriels, mécaniques et chimiques, peu coûteux, tout en conservant la qualité de la fibre ;

3° Enfin si les frais de la culture et de l'industrie seraient largement couverts par la valeur du produit, assimilable au cours actuel du China-grass ou même supérieure au prix de ce dernier suivant l'état de préparation de la matière première.

DES ESPÈCES DE RAMIE

On désigne actuellement sous le nom de Ramie deux espèces d'orties textiles, mais surtout l'*Urtica nivea*, Ortie blanche ou *China-grass*.

Autrefois on appliquait aux deux principales espèces des termes différents. L'Ortie de Chine, *Urtica nivea*, était le *China-grass*, et l'Ortie verte, *Urtica tenacissima*, des îles de la Sonde, était connue sous le nom de Ramieh ou Ramie.

Maintenant, par le terme Ramie on désigne, en France, l'une et l'autre de ces deux espèces cependant différentes.

Non seulement il y a plusieurs espèces d'orties textiles, mais il paraît y avoir des races offrant une végétation particulière et des facilités plus ou moins grandes de défibration. Les essais faits dans l'Inde anglaise ont présenté une telle diversité de résultats, soit comme culture, soit comme traitement industriel, que plusieurs observateurs ont recherché si la supériorité permanente du textile chinois ne tenait pas à l'espèce, à la race ou au milieu.

Cette importante question ne semble pas résolue, quoique beaucoup de voyageurs, d'auteurs et d'observateurs ne contestent pas l'unité de l'espèce cultivée par les populations indo-chinoises. Cependant il peut y avoir là une erreur préjudiciable pour la question générale de la Ramie envisagée au double point de vue agricole et industriel.

Sans nier l'influence des climats sur une plante cultivée depuis des siècles, on aurait peut-être tort d'attribuer dans tous les cas les changements de facies et les résultats économiques différents aux seules variations de l'espèce. On pourrait être en présence de plantes différentes avec leurs caractères propres, et ce qui le ferait supposer, ce sont les appréciations diverses résultant des essais multiples entrepris un peu partout.

Ainsi, il n'est pas rare de voir signaler dans certaines régions la floraison constante de la Ramie dont les tiges ne s'allongent pas ; d'autres fois, cette ortie est à l'état de broussaille très ramifiée, impropre au décorticage ; parfois encore cette plante resterait quelque temps sans produire la moindre végétation, etc.

Il y a quelque vingt-cinq ans, ces remarques avaient déjà jeté le trouble chez les cultivateurs qui voyaient dans la Ramie une espèce unique, connue de toute antiquité et à l'abri de tout doute sur son identité ; cependant bien des auteurs avaient signalé deux espèces principales et même conseillé indistinctement leur culture.

Il est évident que la véritable plante des Chinois, le *China-grass*, employé par l'industrie anglaise principalement, est une espèce typique de grande valeur,

2

qui a sa place marquée dans certains climats à forme tempérée notamment, mais on ne saurait poser en principe que cette plante puisse quitter ce milieu climatérique pour descendre, sans se modifier, dans les zones intertropicales chaudes et humides.

L'agriculture se trouve donc en présence de plantes différentes, bien caractérisées et assez étudiées à l'heure actuelle pour pouvoir leur assigner un rôle économique en les plaçant dans les véritables milieux à leur convenance. On peut attribuer à l'ignorance de ces données de géographie agricole et climatologique de nombreux insuccès et des appréciations erronées ou contradictoires sur la valeur de la Ramie ; aussi convient-il, sans entrer dans une longue dissertation botanique, de préciser les deux types, véritables espèces à notre avis, qui doivent servir de base à la plantation et à l'exploitation de la Ramie dans les deux grandes zones, tempérée et chaude.

Ces deux espèces sont :

1° *Urtica nivea* (Bœhmeria), Ortie blanche, China-grass des Anglais ;

2° *Urtica utilis* ou *tenacissima* (Bœhmeria), Ramie verte ou Ramieh de Java et de l'Archipel Indien.

Ces plantes, ainsi que le démontrent les descriptions sommaires consignées ci-dessous, n'ont pas une végétation de même nature et sont donc destinées à des milieux différents. Quelle que soit la diversité de détermination de ces *Urticées*, on se trouve indubitablement en présence de deux espèces plutôt que devant une variété de l'une ou de l'autre. Dans tous les cas, le point qui nous intéresse, puisqu'elles ont des qualités différentes, c'est l'utilisation réelle de ces deux plantes quand elles sont dans leurs véritables milieux. L'une vivant dans les zones tempérées, l'autre dans les zones chaudes, c'est reconnaître à la Ramie en général une aire d'extension culturale beaucoup plus grande.

RAMIE BLANCHE

Cette espèce, *Urtica nivea*, Lin. (Bœhmeria), a pour signes caractéristiques des tiges *annuelles* ou *monocarpiques*, c'est-à-dire disparaissant à la fin de l'automne, après avoir donné leurs fructifications ; en d'autres termes, ce sont des tiges *caduques* sur des souches *vivaces*. D'autre part, le revêtement duveteux et blanchâtre de la face inférieure de la feuille est une indication typique pour tout le monde.

Cette ortie est originaire de la Chine et de l'Asie orientales, pays de pluies d'été et de froids peu accusés ; c'est la plante cultivée et préparée depuis des siècles par les Chinois pour leurs usages d'abord, mais dont les excédents sont exportés en Angleterre principalement, où le produit est connu sous le nom de *China-grass*.

Mais, parmi les caractères précités, il en est un relatif à la végétation qui n'est pas assez connu, malgré son intérêt au point de vue cultural et économique. Il réside dans la culture monocarpique des tiges, c'est-à-dire que ces dernières disparaissent d'elles-mêmes, séchant sur pied après leur fructification. En d'autres termes, on constate que dans les climats tempérés de la zone de l'olivier et de l'oranger, les tiges fleurissent à l'automne, fructifient à la fin de cette saison, et que cette phase est la dernière de la vie aérienne de la plante. Laissées sur leur souche vivace, les tiges se dessèchent rapidement, se désorganisent, puis la souche reste privée de vie apparente jusqu'au premier printemps.

Cette dernière coupe de tiges florifères, point important à faire connaître, est de mauvaise nature et inutilisable si elle n'a pas été faite avant l'apparition des inflorescences.

D'après divers essais faits dans des climats différents, il ressort que l'*Urtica nivea* se plaît moins dans les pays tempérés-chauds et encore moins dans les zones chaudes où il donne des floraisons constantes, nuisibles au développement de la tige : il est évident que le rendement brut et la qualité de la matière fibreuse se ressentent de cette végétation anormale.

Dans les pays tempérés à hiver peu marqué, mais se traduisant cependant par des petites gelées ou des grêles, la trêve de la végétation n'expose pas les organes aériens au hasard des intempéries auxquelles les tiges jeunes, herbacées et feuillées sont très sensibles.

Cette ortie est donc la plante des pays tempérés, c'est-à-dire n'exigeant pas pour croître de fortes chaleurs au printemps et à l'automne et pouvant supporter des abaissements de température un peu au-dessous de zéro puisqu'elle est privée pendant l'hiver de végétation aérienne.

En règle générale, on peut poser en principe que l'*Urtica nivea* ne donnera des résultats économiques que dans la zone tempérée, qui est la dernière limite de la végétation encore productive de la canne à sucre et du bananier.

On a eu autrefois dans les cultures une variété de la précédente, peut-être une espèce, *Urtica candicans*, reconnaissable par ses feuilles plus feutrées, plus duveteuses en dessous, plus verdâtres en dessus, par des tiges très vertes, légèrement tortueuses, plus dures et dont la décortication s'obtenait assez difficilement.

Depuis une vingtaine d'années on a, dans certains cas, multiplié l'*Urtica nivea* par semis, mais aucune variété ni forme particulière n'ont été signalées.

Cette ortie fructifie abondamment dans les pays tempérés et ses graines sont fertiles : au Jardin d'essai d'Alger, les récoltes en sont abondantes depuis plus de quarante ans.

RAMIE VERTE

Cette espèce, *Urtica tenacissima*, Roxb. ou *utilis* Bl. (Bœhmeria), a pour caractère distinctif des tiges *vivaces* et des feuilles presque vertes à leur face inférieure, quelquefois légèrement duveteuses et blanchâtres. Cette teinte s'accentue parfois par l'action du froid ou de la dessication, au point que dans certains cas les feuilles ont, par ce caractère accidentel, une certaine analogie avec celles de l'*Ortie blanche*.

Cette Ramie est originaire de Java et de l'archipel Indien et il n'est pas prouvé qu'elle n'ait pas eu déjà une place dans l'industrie, où elle paraîtrait devoir occuper un rang au moins égal à celui du China-grass.

Le principal caractère apparent de cette espèce est sa nature *arbustive*. Les tiges deviennent rapidement ramifiées et ligneuses, s'accroissant en hauteur et en diamètre avec le temps ; elles peuvent vivre plusieurs années, et les inflorescences annuelles n'entraînent pas leur mort. Ces inflorescences peu nombreuses produisent rarement des graines, du moins au Jardin d'essai d'Alger où la plante a été bien étudiée. D'ailleurs, la rareté des graines est une observation commune dans beaucoup de localités.

Dans des terrains frais cette ortie peut donc prendre une forme arbustive élevée de plus de cinq mètres, mais si elle est dans un sol de médiocre qualité et sec, elle constitue un véritable buisson. Cette observation établit bien les différences d'aspect que peut présenter cette plante suivant les milieux et les appréciations contradictoires qui ont été émises sur elle.

La *Ramie verte*, avec sa grande végétation, paraît donc indiquée pour toutes les régions chaudes soumises à des pluies constantes ou pouvant être irriguées dans les périodes de sécheresse. Dans ces conditions, cette Ramie produit rapidement des tiges hautes de 1^m,80 à 2 mètres environ que l'on doit couper pour le traitement en vert à un degré de maturité relative, mais avant l'apparition des bourgeons latéraux.

Un autre caractère tout particulier est constitué par un mode de pousse de la tige. En effet, si dans la coupe on laisse la base d'une tige, c'est-à-dire un *talon* plus ou moins haut, des bourgeons se développent sur ce dernier et deviennent de hautes tiges, tandis qu'une végétation analogue ne se produirait pas sur l'*Urtica nivea* : les bourgeons chez cette dernière ne peuvent se développer que sur le collet de la souche ou sur les rhizomes et non sur la tige qui est *annuelle*.

On pouvait avoir, il y a quelques années encore, des doutes sur la valeur industrielle de cette espèce dont on connaissait cependant, au moins théoriquement, l'abondance des fibres, leur qualité et leur grande résistance ; mais de récentes expériences, par des procédés divers, ont confirmé que les tiges de cette ortie ne présentaient pas de difficultés particulières de traitement mécanique et chimique et que même beaucoup de filateurs lui accordaient la préférence sur l'*Ortie blanche*.

Cette constatation n'est pas sans importance pour le cultivateur opérant dans les climats chauds, car la végétation constante de cette espèce et son exubérance de développement lui assurent des coupes plus nombreuses et de rendement plus important. On doit donc appeler l'attention du cultivateur sur cette espèce, assez connue maintenant pour prendre place dans la grande pratique, mais dans les milieux à sa convenance qui sont ceux chauds, humides, où la végétation ne subit pas des arrêts par insuffisance de pluies dans certaines périodes. Dans ce dernier cas, quel que soit le degré thermique du climat, l'irrigation est indispensable.

DES DIVERS TRAITEMENTS EN SEC ET EN VERT

Le mode de traitement des tiges de la Ramie intéresse le cultivateur : le rendement de ses cultures est en réalité subordonné aux exigences de l'industrie et à l'outillage que cette dernière emploie ou met à sa disposition : on comprend donc l'intérêt tout particulier qu'attache le producteur de la matière première — surtout s'il est appelé à en être le préparateur — à la détermination d'un procédé de traitement en *sec* ou en *vert*.

Dans l'état actuel de la question, le travail en *sec* exige la formation presque complète de la tige, ce qui, dans les pays tempérés, ne permettrait guère que deux coupes par an, tandis que dans le traitement en vert une formation moins complète des tiges est suffisante et assure ainsi des coupes plus nombreuses.

On appréciera dans l'exposé des deux systèmes de travail le caractère économique de chacun d'eux.

TRAITEMENT EN SEC

On ne s'explique pas pourquoi tant d'efforts ont été concentrés sur ce mode de travail. Aucune indication antérieure ne le motivait. En effet, les peuples asiatiques, les Chinois notamment qui utilisent depuis des siècles les orties textiles, ne les ont jamais préparées à l'état sec, comme on traite le chanvre et le lin ; bien au contraire, leurs pratiques consistent dans une décortication à l'état vert *absolu*, c'est-à-dire dans l'enlèvement de l'écorce sur la tige vivante et encore sur pied.

On s'est basé sur un système économique absolument faux en comparant la Ramie au chanvre et au lin et en croyant que l'avantage unique du traitement en sec résidait dans la facilité de conservation de la Ramie en meule ou en grenier pour la traiter en temps opportun. Le cultivateur aurait ainsi utilisé la saison hivernale pour procéder à la décortication, en quelque sorte à temps perdu. Envisager la question à ce seul point de vue des usages européens, c'était méconnaître les véritables milieux d'exploitation économique de cette plante. La France, même dans les parties provençales les plus favorisées par le climat, ne paraît pas avoir une place dans la production de la Ramie, si l'on en juge d'après les nombreuses tentatives qui ont été faites infructueusement.

Considérer la Ramie comme une *exploitation familiale* pour nos colonies en général, ce serait ne pas se rendre un compte exact de la situation de leur main-d'œuvre. Ensuite l'état hygrométrique de l'air ne permettrait pas toujours une dessiccation suffisante de la tige pour obtenir des procédés mécaniques connus un bon résultat. L'Indo-Chine seule pourrait fournir une nombreuse main-d'œuvre, mais le climat se prêterait mal à la conservation en meule et à la dessiccation des tiges : là elles doivent être travaillées en vert et en temps opportun.

Ainsi donc, dans les véritables pays de culture de la Ramie, le séchage de ses tiges, même à un degré relatif, n'est pas possible à l'air libre : le degré hygrométrique de l'atmosphère y est trop élevé et la Ramie mise en tas, abritée ou non, ne tarderait pas à être altérée par une fermentation. D'autre part, la tige elle-même, relativement sèche, est essentiellement hygrométrique, c'est-à-dire qu'elle s'empare rapidement de l'humidité de l'air, ainsi que le démontrent certaines expériences basées sur l'étuvage.

Une tige insuffisamment sèche se décortique mal : les cylindres broyeurs ou racleurs agissant sur une matière molle, spongieuse et élastique ont un effet atténué, finissent par s'encrasser, et la lanière corticale n'est pas absolument frictionnée, ni même débarrassée des débris ligneux. Ensuite, certains organes des instruments sont sans action sur le revêtement épidermique ; en effet, sous l'influence de l'air et en vieillissant l'épiderme brunit, devient plus épais, forme une pellicule dure, cornée et résistant à tout raclage.

L'écorce ainsi obtenue est parfois entière : on l'appelle avec raison *lanière corticale* ou *ruban cortical*, mais cette lanière sèche, entière ou peu divisée, avec son revêtement épidermique dit pelliculeux, presque inattaquable, ne cède difficilement ses fibres que sous l'action de bains dissolvants, quelquefois assez intenses pour altérer fortement la qualité de la matière textile.

En résumé, et là réside toute la difficulté, en vieillissant et en séchant, une double cause s'oppose à la facile défibration de la matière corticale. D'abord, la consistance dure et presque insoluble de cette pellicule épidermique offre une grande résistance aux actions mécaniques et chimiques et, d'autre part, le collenchyme se concrète sous forme de gomme exigeant, pour se dissoudre, des bains à une certaine température, toutes opérations longues, coûteuses et nuisibles aux qualités naturelles de la fibre.

En faveur du traitement en sec on a fait une observation qui n'a que de simples apparences de raison et qui tendrait à établir que le travail en *sec* ou en *vert* n'influe aucunement sur le nombre de coupes à l'hectare, parce que les industriels qui veulent traiter en *sec* n'auraient qu'à couper en *vert*, puis à laisser sécher les tiges avant l'application de leur méthode : si le traitement est différent, le nombre des coupes reste le même.

Il y a là une équivoque qui nécessite une explication.

Pour travailler en *sec*, les machines exigent des tiges bien formées et régulières en diamètre permettant, par un réglage général de l'instrument, de séparer avec facilité l'écorce du bois. Or, si l'on coupe avant maturité, les tiges en séchant ne sont plus cylindriques, souvent elles s'aplatissent, se contournent, et l'instrument n'agit plus uniformément sur toute leur surface. Il s'ensuit en outre que la décortication et la défibration de tiges coupées prématurément deviennent plus difficiles en ce sens que l'adhérence des diverses couches de tissu est plus intime par la dessiccation et provoque des arrachements.

Dans une tige de formation presque complète, bien séchées, certaines machines font un bon travail de séparation de l'écorce et du bois, mais ces rubans corticaux ont un épiderme difficilement attaquable par les rouissages chimiques en usage.

Il va sans dire que toutes ces objections s'appliquent à la machine comme premier travail, mais qu'elles seraient discutables si le traitement chimique, humide ou gazeux, était l'opération préalable à l'action mécanique suivant certains systèmes nouvellement préconisés. Cependant, ce que l'on sait de ces derniers démontrerait leur efficacité moindre sur les matières sèches. Quoi qu'il en soit, la dessiccation relative de la Ramie ne peut s'obtenir que très difficilement, surtout dans les pays de grande production qui impliquent un climat humide. En outre, cette opération exige de la part du cultivateur des manipulations coûteuses, souvent impraticables, s'il faut enlever la récolte et aller l'étendre sur de larges espaces. Quelques auteurs prétendent avec raison que le passage à l'étuve peut seul réduire l'humidité, mais il est évident que ce dernier procédé, qui n'est pas applicable partout, augmente les frais généraux.

Cependant il est certain que les tiges bien formées et absolument sèches se décortiquent ou se broient plus facilement, mais il faut ajouter que si elles n'ont pas subi un traitement préalable, cette dessiccation n'est pas toujours de nature à favoriser le rouissage chimique, tant la matière épidermique s'est durcie.

TRAITEMENT EN VERT

A l'état frais, les tiges de Ramie sont facilement décorticables et les peuples asiatiques n'opèrent pas autrement sur les *Urticées* de cette nature. En effet, aussitôt après la coupe, le décollement de l'écorce d'avec le bois, grâce à l'humidification des tissus, s'obtient aisément sans laisser trop de fibres adhérentes au bois : les Chinois décortiquent même sur pied.

Si dans un grand nombre de cas la machinerie n'a pas donné des résultats absolument satisfaisants, c'est qu'elle s'est trouvée en présence de tiges relativement vertes, mais ayant déjà perdu une grande partie de leur eau de végétation. Dans l'état actuel de l'outillage, il faut donc traiter les tiges immédiatement après la coupe.

Ici se pose une question qui a la plus grande importance pour tous, cultivateurs et industriels.

A quelle phase de sa végétation la tige verte doit-elle être coupée? En d'autres termes, qu'entend-on par tige verte?

Des expériences récentes démontreraient que c'est peu après la complète élongation de la tige, alors qu'elle est encore *herbacée*, presque molle et de nature crassulante, quand son écorce est formée, mais non brunie, que la coupe peut être faite.

En effet, à la fin de l'élongation, avant l'apparition des yeux aux aisselles des feuilles, les fibres primaires et *utilisables* sont formées et ont une ténacité suffisante : il ne se formera plus que des couches de fibres secondaires sans utilité.

On n'a donc pas intérêt, loin de là, à laisser épaissir l'écorce, durcir son épiderme et augmenter la quantité de bois. Avec le temps, les fibres perdent leur finesse, leur souplesse, leur blancheur, en un mot leurs qualités initiales, et elles sont de plus en plus emprisonnées par l'épiderme durci et le collenchyme, deux substances difficilement attaquables quand elles vieillissent.

Pour atténuer les difficultés industrielles résultant de la gangue qui emprisonne les fibres, des pratiques culturales interviennent efficacement : elles consistent, par une plantation serrée et bien arrosée, à favoriser l'élongation rapide des tiges.

Dans une plantation très dense, il y a peu ou point de feuilles à la base de la tige, les ramifications ne se développent pas, et les agents atmosphériques, surtout l'insolation, agissent moins directement sur l'épiderme qui reste plus tendre et moins constitué.

Dans ces conditions de coupe possible de la Ramie dès la fin de l'élongation de la tige, la question prend un caractère économique plus accentué. En effet, les récoltes deviennent successives et on peut prévoir cinq coupes par an dans les pays tempérés, chauds et à irrigation assurée, et davantage dans les régions chaudes à pluies régulières et abondantes.

L'emploi des tiges à l'état herbacé dépend donc de la nature du traitement. Si ce dernier n'est ni brutal, ni grossier ; si, par le travail de certains instruments, le bois est non seulement enlevé, mais que l'écorce soit également bien grattée et raclée, l'épiderme enlevé, les liquides gommeux pressurés et diminués, on obtiendra une lanière corticale déjà divisée en nombreux filaments et débarrassée d'une grande proportion de matières inutiles.

Cette défibration de la lanière qui indique un raclage énergique est déjà, pour quelques-uns, une excellente préparation, si la fibre n'est pas énervée, qui facilite le dégommage.

Pour empêcher la solidification des matières gommeuses et résineuses et leur transformation au contact de l'air, quelques auteurs conseillent le rouissage chimique des lanières fraîches immédiatement après l'action de la machine.

Mais il est des procédés nouveaux qui intervertissent l'ordre du travail habituellement préconisé : une action dissolvante précéderait le travail mécanique. Ainsi, les tiges vertes et entières seraient préalablement soumises à un rouissage chimique ou à l'action d'un gaz, puis séchées et travaillées mécaniquement.

Le dégommage préalable, par liquides ou par gaz, aurait réduit les gangues gommeuses à l'état pulvérulent et la défibration serait alors complète et facile par des broyeuses ou des teilleuses opérant sur des lanières très sèches.

En résumé, ces procédés s'appliquent à la tige verte et n'exigent pas la végétation complète pour en retirer de bonnes fibres, quelle que soit l'interversion des actes chimiques et mécaniques de l'industrie.

Toutes ces considérations réunis portent à conclure que le travail en vert est industriellement un traitement plus facile à appliquer que celui en sec ; que les fibres ont une qualité supérieure, et que le nombre des récoltes des tiges est au moins quadruplé. On ne saurait donc trop insister sur les conséquences économiques du travail en vert dans les pays chauds, surtout si la fin de l'accroissement de la tige en hauteur est un état de végétation suffisante, comme tout semble l'indiquer, pour permettre l'extraction de bonnes fibres.

Or, dans les pays chauds, la Ramie soumise à des pluies ou à des irrigations régulières peut produire, entre 35 et 45 jours, des tiges de 1m60 environ de hauteur.

RENDEMENT DE LA RAMIE

Le rendement est variable suivant les pays, le nombre de coupes, le système de traitement, l'état de la main-d'œuvre : c'est donc poser une question actuellement insoluble que de demander d'une manière générale le revenu en argent d'un hectare de Ramie.

On a voulu établir le rendement à l'hectare d'après le poids des tiges vertes ou sèches, et c'est principalement sur l'état vert que les calculs ont été basés pour l'achat au cultivateur de chaque coupe.

Cette méthode d'évaluation est imparfaite et, théoriquement, elle est discutable pour déterminer exactement la valeur initiale du produit, c'est-à-dire pour connaître la véritable quantité de fibres utilisables.

Le poids de la tige fraîche est sujet à de très grandes variations, surtout après sa coupe, car cette dernière peut perdre en quelques instants une grande quantité d'eau de végétation, suivant la siccité de l'atmosphère. D'autre part, suivant les saisons, les tiges ont plus ou moins de feuilles et sont plus ou moins fortement constituées, de là un poids variable : en effet, on a vu des tiges d'été être inférieures comme poids à celles du printemps, quoique ayant les mêmes dimensions.

La relation entre le poids de la tige verte et son rendement en fibres est donc forcément variable; tandis que la tige normale considérée comme unité a toujours une même *quantité de fibres*.

Évaluer le rendement au moyen d'une tige en fibres paraît être la meilleure base du calcul théorique développé ci-dessus et emprunté à diverses expérimentations avec des procédés différents de défibration.

Dans un hectare de Ramie de culture intensive on trouve, au mètre carré, 40 tiges ayant environ 1m60 de hauteur : c'est 400.000 tiges à l'hectare et par coupe.

Chaque tige, en établissant la moyenne sur 10 et sur 100, fournit 3 grammes à 3 grammes et demi de fibres libres, ce qui représenterait : 3 grammes × par 400.000 tiges=1.200 kilog. de filasse : en d'autres termes, ce serait, *pour 4 coupes* annuelles en vert, 4.800 kilog. de filasse, c'est-à-dire de fibres libres presque entièrement dégommées (1).

(1) A 10 ou 15 p. 100 près.

En réduisant à 4.000 kilog. le produit à peu près dégommé, prêt à entrer en filature, l'hectare donnerait un rendement brut, au cours actuel d'une qualité de cette nature, de 4.000 kilog. dégommés à 850 fr. la tonne = 3.400 fr.

La question qui se pose alors, car c'est la base de la situation, c'est de déterminer l'intérêt qu'aurait le cultivateur à produire cette matière première, en d'autres termes quel serait le revenu de cette culture.

Il est impossible de préciser d'une manière générale quel serait le rendement en argent d'une culture dans le monde entier. Évidemment il dépendra de la situation climatérique et économique des milieux et de la simplicité en même temps que de la perfection des moyens de traitement. Or, ces derniers sont nombreux et avec des exigences différentes en frais généraux.

Cependant on peut dire que dans n'importe quel pays d'agriculture intensive, une culture qui donnerait annuellement à l'hectare un bénéfice absolument net de 250 francs serait bien accueillie. Et, d'après les chiffres généraux précités, cela paraît être admis pour la Ramie en *milieu convenable*, car si elle exige d'assez grands frais de premier établissement, son entretien est peu coûteux à cause de sa simplicité.

*
* *

L'estimation de la récolte par le poids brut des tiges a souvent des inconvénients, en ce sens qu'elle tend à fausser le rendement en fibres.

En effet, les 400.000 tiges d'un hectare pèsent, aussitôt la coupe en vert, environ 18 à 22.000 kilog. qui se réduisent très rapidement par la perte en eau et l'effeuillage. Mais quelquefois ce même nombre de tiges, sans avoir moins de fibres, ne pèse que 15 à 18.000 kilog., suivant des saisons où la constitution est moins aqueuse et la foliation plus réduite.

Il y a quelque vingt ans, une expérience qui est restée classique a été faite au Jardin d'Essai d'Alger : elle a démontré que les rendements étaient fort variables suivant les procédés mécaniques et chimiques, mais cependant on a pu obtenir une moyenne résultant de la décortication par les machines à cylindres plus ou moins cannelés, travail que l'on jugerait actuellement un peu grossier. En effet, le rendement jugé insuffisant et ne concordant nullement avec le calcul théorique attribuait à chaque tige normale moins de 3 grammes de fibres.

Le détail de cette expérience rapporté pour mémoire se décomposait ainsi :

100 kilog. tiges vertes feuillées donnent 52 kilog. tiges vertes effeuillées.
52 kilog. tiges *vertes* effeuillées donnent 10 kilog. 40 tiges *sèches*.
10 kilog. 40 tiges sèches donnent 2 kilog. 08 lanières fibreuses mécaniques.
2 kilog. 08 lanières fibreuses donnent 1 kilog. 600 fibres bien désagrégées.
1 kilog. 600 fibres bien désagrégées donne 1 kilog. 120 de filasse dégommée et blanchie.
1 kilog. 120 filasse dégommée et blanchie donne : 0 kilog. 700 de peignée en long brin ; 0 kilog. 300 de peignée en blousses ou étoupes ; 0 kilog. 020 de déchets ou évaporation.

Quoique les déchets de peignée de Ramie aient une valeur réelle, on constate qu'ils sont plus ou moins abondants suivant la nature des traitements ; en d'autres termes, la filasse dégommée présente au peignage des rendements différents en longs brins ou en étoupes si la défibration a été bien ou mal faite.

En résumé, une décortiqueuse qui mâchure, étire et énerve les fibres, les

3

coupe même sur plusieurs points de leur longueur, ou un bain chimique trop violent attaquant la cellulose sont des conditions qui altèrent souvent profondément la constitution et la résistance des fibres. Dans ces cas, on a 70 % d'étoupes, blousses et déchets, tandis que par un bon travail le résultat est inverse : c'est 70 % de fibres utilisables et 30 % de sous-produits.

Le rendement définitif de la Ramie est donc subordonné à la nature du traitement : or, le travail au sec ne paraît pas avoir répondu jusqu'à ce jour aux exigences du textile, qui craint les mécanismes grossiers et les agents chimiques desséchants et corrodants.

D'autre part, il ne convient point d'oublier que la Ramie exige une culture intensive au plus haut degré et des climats particuliers lui assurant le maximum de sa végétation et de sa bonne constitution.

.*.

Les variations du rendement en argent dépendent de deux causes principales :

1° Ou le cultivateur livrera à l'industriel sa coupe sur pied, et alors il n'aura que le produit de la culture proprement dite ;

2° Ou alors il procédera lui-même à la préparation plus ou moins complète de la matière industrielle, par décortication ou autre mode, et alors il devra bénéficier sur ce travail supplémentaire.

Dans ce dernier cas, c'est la matière fibreuse dans un état déterminé qu'il conviendra d'estimer au poids.

Mais cette matière est variable comme qualité et comme prix de revient suivant les procédés qui seront employés. Or, ces derniers sont nombreux et ont des exigences particulières, peu admissibles partant, qui imposent des frais généraux différents.

La plupart des ramistes paraissent avoir constamment recherché par le mécanisme l'obtention d'un produit analogue, au moins dans sa présentation, à la lanière du China-grass, c'est-à-dire des rubans d'écorce dépelliculée, plus ou moins dégommés et ayant conservé toute leur longueur. Cependant des auteurs ne reconnaissent pas la nécessité de conserver au ruban cortical toute sa longueur, souvent fort grande, et de maintenir à ses longs filaments un parallélisme absolu. Il y a des machines à grand travail en vert qui décortiquent, raclent et divisent fortement les lanières dont l'enchevêtrement ne paraît pas préoccuper l'industriel qui trouverait au contraire un embarras à peigner de très longs filaments dont la section préalable s'impose souvent.

Conserver ce parallélisme parfait est une difficulté : le produit est certainement plus présentable, il se rapproche davantage du China-grass, tandis que l'autre a l'aspect du crin végétal, mais il n'est pas prouvé que ce dernier ne se prête pas plus facilement aux manipulations ultérieures.

Enfin il y a des procédés qui demandent d'emblée à la machinerie une préparation presque parfaite, c'est-à-dire une défibration et une élimination de gomme assez complètes pour que le produit puisse être peigné de suite et servir, sans dégommage chimique, à la fabrication de fils de gros numéros.

Suivant la nature du traitement le rendement est différent et le coût de la matière fibreuse doit nécessairement varier : on ne saurait en effet attribuer la même évaluation à des lanières bien faites, mais dépelliculées ou non.

Il est bien évident que si tout d'abord par un procédé facile on supprime ou atténue dans une forte proportion la dépense et les risques d'un dégommage nécessité par une matière brute, le produit de ce traitement aura une valeur non comparable à celle des rubans corticaux ordinaires.

Le rendement journalier d'un procédé ne doit donc pas être absolument apprécié par la quantité obtenue.

Ramistes et manufacturiers ont eu peut-être le tort, jusqu'à ce jour, les uns de chercher à produire, les autres à n'utiliser qu'une fibre parfaite pour faire des articles de luxe... et à bon marché. Cet axiome : La Ramie, *soie végétale*, a bien nui à la question.

La grande industrie des textiles paraît avoir besoin tout d'abord d'une fibre de qualité, mais de préparation commune, que des manipulations ultérieures convertiront aisément en fils de qualité supérieure.

Le but à atteindre actuellement est de placer la Ramie, comme prix de revient, entre le lin et le coton et les efforts doivent tendre à la rapprocher de ce dernier. Alors son emploi, aux dires de certains économistes, devient illimité.

CLIMATS CONVENABLES A LA RAMIE

Il est peut-être excessif de poser en principe, ainsi que l'affirment quelques agronomes étrangers, que la culture de la Ramie appartient exclusivement aux climats à la fois chauds et humides, ou que, suivant des agronomes français, elle peut être pratiquée dans les parties tempérées de l'Europe.

Ces opinions sont discutables à bien des points de vue et elles le sont certainement si elles s'appliquent indistinctement aux deux espèces signalées dont les tempéraments sont si différents : *Urtica nivea* et *U. tenacissima*.

D'autre part, est-il bien exact de dire que si la Ramie n'a pas donné de résultats dans diverses contrées, Algérie, Tunisie, Madagascar, Réunion, Égypte, Maurice, Natal, États-Unis, République Argentine, etc., c'est que ces climats ne sont nullement à la convenance de la plante?

Le climat d'un pays n'est pas une entité unique. Il faudrait, pour être affirmatif, dire dans quelle partie du pays la tentative a échoué et si la plante avait été placée dans son véritable milieu. Évidemment la Ramie, dans les États-Unis, ne peut pas végéter à Chicago, mais elle sera prospère sur le littoral du golfe du Mexique, dans la région de la canne à sucre, avec de l'irrigation, et si elle ne réussit pas sur les plateaux de Madagascar, la pointe Nord, les parties basses et la zone du vanillier lui conviennent; les terres à cannes et à bananiers sont de bonnes indications générales pour la culture de cette plante.

Il serait peut-être imprudent d'attribuer aux mauvaises conditions qu'auraient présentées certains climats la lente éclosion de cette question. Ainsi qu'il est dit au début de cet exposé, c'est autant l'état général du marché des fibres que l'incertitude des procédés de traitement de la Ramie qui ont fait reculer l'emploi de cette dernière et conséquemment sa culture.

Évidemment les pays tempérés chauds et ceux chauds et humides conviennent à ces orties, mais à la condition de prendre en considération la nature des deux espèces précitées, dont l'une ne craint pas l'élévation du degré thermique. Les contrées éminemment favorables sont celles où les pluies sont constantes et fournissent une tranche d'eau variant entre 2,50 à 3 mètres et plus, ou ceux où les irrigations abondantes peuvent régulièrement fonctionner dans les périodes sèches.

La Ramie n'a aucune place indiquée en France, en Europe, et même sur le littoral septentrional du bassin méditerranéen.

Dans le nord de l'Afrique, quelques points de l'Algérie seuls — encore cela a-t-il été discuté — offriraient des emplacements avantageux, notamment les plaines du littoral des environs d'Oran, sur quelques milliers d'hectares, là où les irrigations sont bien assurées pendant la période estivale.

La plaine du Chéliff a des irrigations d'été dans certaines parties, mais l'insolation intense et le siroco qui sont la caractéristique de ce climat pauvre en pluie font que la Ramie a quelquefois une tendance à se ramifier.

Les plaines de Bône et de la Mitidja qui n'ont pas encore des irrigations suffisantes subissent quelques chutes de température hivernale qui arrêtent pendant un temps plus ou moins long la végétation de la Ramie.

En Tunisie, cette culture ne serait praticable que sur la côte orientale, mais la pluie y est insuffisante et les irrigations d'été n'existent pas et ne peuvent y être établies. La Ramie n'a aucun avenir en Tunisie.

Dans nos colonies françaises, celles propres aux grandes cultures de Ramie semblent être en première ligne l'Indo-Chine, grâce à son climat chaud et à ses eaux abondantes, puis nos possessions équatoriales à grandes pluies de la côte occidentale de l'Afrique, Dahomey, Guinée, Côte d'Ivoire, Gabon.

Mais les régions où l'état atmosphérique se divise en deux périodes bien tranchées, l'une pluvieuse, l'autre sèche, cette dernière souvent plus prolongée que la première, Sénégal, Soudan, Congo, etc., la Ramie ne saurait y être implantée si des moyens d'irrigation n'y étaient assurés, suffisants et permanents.

La culture de la Ramie doit être productive dans toutes les régions où la température ne s'abaisse pas au-dessous de zéro et où, à l'insuffisance des pluies, on peut opposer l'irrigation : tels sont le littoral du golfe du Mexique dans l'Amérique du Nord, la partie moyenne de l'Amérique du Sud, l'Inde transgangétique, etc.

Les zones désertiques et steppiennes, malgré l'irrigation, ne paraissent pas favorables au développement de la Ramie, même avec le secours des arrosements, et les essais faits en Égypte, en dehors de la région de la canne à sucre, sembleraient le prouver.

En résumé, les grandes terres de l'archipel de la Sonde, Sumatra, Java, paraissent être par excellence les centres de végétation luxuriante de la Ramie; puis viennent ensuite quelques autres climats insulaires, Ceylan, Havane, Jamaïque, etc., et les rivages des continents caractérisés par la présence du bananier. Mais il ne faut pas oublier cet axiome de simple pratique : « Toute culture, pour être rémunératrice, ne doit pas se faire à la dernière limite de la végétation de la plante. »

PLAN D'EXPLOITATION SUIVANT LES RÉGIONS

Le plan déterminant les conditions de culture et de premier traitement industriel de la Ramie doit-il avoir le caractère familial de la petite propriété ou exiger la grande exploitation ? En d'autres termes, doit-on agir avec de faibles moyens, souvent manuels, ou opérer sur de grandes surfaces avec des instruments mécaniques puissants et perfectionnés ?

Le mode d'exploitation est variable avec les pays, et l'on a eu le grand tort en France, relativement à cette question, de tout rapporter aux conditions de la métropole, de l'Algérie ou de la Tunisie, qui ne représentent pas les véritables milieux où la culture de la Ramie doit évoluer économiquement. La main-d'œuvre, dans ces cultures intensives compliquées de questions industrielles, a une part prépondérante : or, son emploi est loin d'être résolu dans toutes nos colonies, sauf au Tonkin.

En général, l'exploitation familiale ne paraît pas appelée à être la première étape de la production de la Ramie et ce n'est pas par cette voie que l'industrie, à ses débuts surtout, trouvera la matière première pour ses usines : elle n'aurait là qu'un approvisionnement incertain ou insuffisant.

L'agriculture coloniale n'entreprendra de grandes plantations de Ramie que quand elle aura sous les yeux les exemples probants de son rendement et de son utilisation, car les frais de premier établissement en sont coûteux. D'autre part, les résultats des petits essais tentés un peu partout et sans méthode ont été peu satisfaisants, et il ne pouvait en être autrement. Ce serait donc continuer à perdre inutilement du temps que de solliciter n'importe où le concours de petits cultivateurs peu au courant de cette question et non convaincus de son avenir.

Aussi quelques compagnies étrangères, ne méconnaissant pas cette situation, ont-elles agi sagement en prenant récemment toutes mesures pour parer au manque ou à l'insuffisance de la matière première destinée à leurs usines et pour se soustraire aux fluctuations du marché chinois. Dans ce but, ces compagnies ont commencé à créer pour leur propre compte des plantations de Ramie, directement exploitées par elles, dans les zones intertropicales les plus favorables. Une compagnie étrangère aurait acquis 15.000 hectares dans la partie nord-est de Sumatra et aurait défriché plus de 500 hectares de forêt vierge déjà convertis en plantation de Ramie.

Les industriels français doivent opérer de même, et en attendant l'implantation de cette culture dans nos colonies plus éloignées, l'Algérie offre dans ses plaines basses du littoral Ouest quelques milliers d'hectares qui peuvent permettre d'y obtenir un rendement moyen de la Ramie, quoique cette plante soit là à sa dernière limite de production économique.

Ces considérations générales sembleraient démontrer que, dans la situation présente, l'exploitation de la Ramie sur de grandes surfaces serait d'abord la forme indiquée pour toutes les régions à population peu dense où la main-d'œuvre est insuffisante ou chère : elle permettrait l'emploi de moyens mécaniques de coupe et de traitement, et aurait le grand avantage de fournir à bon marché une masse considérable de produits de qualité homogène, ce qui en industrie a une importance capitale. Rien n'empêche d'appliquer les deux systèmes et, dans les pays à main-d'œuvre abondante, d'avoir recours à la production familiale. Cependant il pourrait être difficile de demander au petit propriétaire indigène une préparation du produit conforme aux procédés particuliers de traitement préconisés par les usiniers ou les compagnies qui se sont fondées sur l'application d'un système de travail correspondant à leur genre de fabrication.

Dans les colonies françaises, le Tonkin excepté, mais surtout dans celles de la côte occidentale de l'Afrique, l'état réduit de la main-d'œuvre ne permettrait pas une exploitation de la Ramie qui ne s'étendrait pas sur de grandes surfaces et ne serait pas basée sur des moyens d'exploitation mécanique simples mais puissants.

Par contre, dans certaines régions de l'archipel indien et malaisien, la densité de la population est telle qu'elle peut certainement changer entièrement le mode d'exploitation, surtout dans la récolte et la première opération du traitement, c'est-à-dire dans la décortication.

Sans abandonner le plan de grande culture, la décortication mécanique ne paraîtrait plus devoir s'imposer si une main-d'œuvre abondante de femmes et d'enfants, exigeant des salaires minimes, pouvait être employée à décortiquer manuellement à l'état vert et sur le champ même. On sait que l'enlèvement de l'écorce de la tige fraîche, sur pied, s'obtient avec la plus grande facilité.

Les expériences démontrent qu'une femme européenne habile peut, par la décortication en vert, obtenir théoriquement 15 kilos de lanières sèches par dix heures de travail, mais cet effort ne saurait être exigé normalement des populations intertropicales.

Ce procédé manuel, s'il a l'avantage de ne pas énerver la fibre, a l'inconvénient, suivant certains auteurs, de laisser intacts le revêtement épidermique et les matières agglutinatives où les fibres sont enfermées.

Quelle que soit la nature des procédés préconisés, la Ramie doit être traitée sur place, sur le champ même, en raison non pas du poids, mais du volume encombrant de la récolte brute. Quelques auteurs prétendent même que dans les climats chauds un dégommage doit suivre immédiatement la décortication pour éviter des fermentations. Il serait impossible, en effet, de mettre en balles des lanières non dégommées et de les expédier en Europe sans craindre la désorganisation du centre du ballot tout au moins.

Si la lanière de China-grass voyage bien, c'est qu'elle ne conserve pas plus de 25 à 30 % de ses gommes au moment de l'expédition.

Cependant quelques *décortiqueuses-défibreuses* ou des *décortiqueuses-racleuses* feraient un travail assez parfait de défibration ou d'apurement des lanières pour que les fermentations ultérieures de la matière mise en balles ne soient plus à craindre.

On le voit, le plan d'exploitation de la Ramie est subordonné aux conditions climatériques et économiques du milieu, et les procédés industriels de travail basés sur des principes si différents, tout en donnant des résultats, peuvent varier logiquement suivant les cas.

CULTURE DE LA RAMIE

La culture est des plus simples : elle ne repose même que sur une seule opération pour ainsi dire primordiale qui consiste presque exclusivement dans la préparation du sol.

La Ramie ne doit être plantée que dans les bonnes terres, profondes et où l'eau ne séjourne pas. Le sol argilo-silico-calcaire et celui riche en humus sont des localisations préférées par cette Urticée à grand développement herbacé.

En dehors de la région des pluies constantes, l'irrigation décadaire du sol s'impose.

La préparation du sol comprend :

1° Un défoncement très profond à la charrue à vapeur, au treuil ou par les passages successifs de charrues défonceuses ;

2° Un ameublissement de la surface du sol ;

3° L'établissement de rigoles d'irrigation plus ou moins écartées l'une de l'autre suivant le volume d'eau dont on dispose.

La Ramie se plante sur terrain plat sur lequel, dans des raies peu profondes, écartées de 0,30, on place à 0,25 ou 0,30 les uns des autres des rhizomes ou des plants : la raie est recouverte, puis on arrose.

La plantation en billons n'est pas à recommander.

Binage après ressuyage du sol ; nouveau binage quelque temps après. Dans une plantation compacte comme celle indiquée les binages deviennent impossibles au bout de 2 ou 3 mois ; il n'y a donc plus qu'à arroser.

Après quelques mois de bonne végétation la plantation a atteint une telle compacité que toutes façons culturales sont impossibles et inutiles. En effet, le sol est sillonné de rhizomes et de racines. Sur le système rhizomateux et horizontal se développent constamment des tiges, pendant que les véritables racines s'enfoncent dans le sol. Plus la souche prend de force en vieillissant, plus les tiges sont abondantes et développées.

L'entretien annuel se borne donc à l'irrigation et à la fertilisation du sol par des engrais chimiques, nitrate de soude et superphosphate de chaux, épandus en couverture périodiquement.

En résumé, la culture de la Ramie ne demande guère qu'une dépense de premier établissement, que l'on peut calculer suivant le prix de la main-d'œuvre dans chaque région :

1° Défoncement très profond ;

2° Ameublissement de la surface du sol ;

3° Plantation d'un hectare en 2 ou 3 journées ;

4° Valeur des plants ;

5° Quatre ou cinq binages.

Sur ce chapitre : valeur des plants, on aurait tort de tabler sur les cours actuels et conventionnels. Le plant est encore rare ; mais quand il y aura quelques hectares de Ramie dans une localité, le prix du mille s'abaissera à environ cinq francs de notre monnaie.

Le prix de la coupe est variable à la main : un bon faucheur européen peut théoriquement couper et mettre en petits paquets 2.500 tiges à l'heure. La faucheuse mécanique coupe fort bien la Ramie fraîche.

Si le procédé de traitement exige l'effeuillage préalable, ce qui est une dépense réelle suivant les pays, une femme adulte peut effeuiller 400 tiges par heure. On a intérêt à effeuiller sur pied, avant la fauche.

*
* *

Une plantation de Ramie doit être serrée, absolument dense, de végétation égale comme celle d'un beau champ de céréales. Alors les tiges sont droites, longues, peu feuillues de la base, ne se ramifiant pas, puis l'insolation n'a qu'une action très atténuée sur l'épiderme qui se durcit moins et est, par conséquent, plus attaquable par les traitements industriels.

Dans une bonne culture de Ramie on trouve 40 tiges au mètre carré : c'est un chiffre minimum à maintenir, mais la moyenne est généralement plus élevée :

Ramie blanche, 58 belles tiges, 20 tigelles.

Ramie verte, 45 — —, 15 tigelles.

Le diamètre de la tige de cette dernière est ordinairement plus grand et la tige plus élevée.

Comme conclusion culturale, on doit établir comme principe absolu que la

Ramie est une plante de culture intensive au premier chef, exigeant, sous un climat choisi, bon sol, eau d'irrigation et fertilisation par des engrais si l'on veut provoquer et entretenir les nombreuses coupes que la plante doit donner sans interruption pendant toute l'année. Dans ces conditions, la quantité et la qualité de fibres produites annuellement à l'hectare sont supérieures à celles de haut prix provenant de l'*abaca* et du *sisal*, considérations qui imposent une large place à la Ramie dans l'industrie des textiles, si sa préparation devient économique.

Ch. RIVIÈRE.

M. le Président, après avoir commenté en peu de mots les termes de l'exposé qui vient d'être fait par M. le Rapporteur général, donne lecture de l'ordre du jour qui porte :

Constitution de trois sections ou sous-commissions qui seraient chargées d'étudier chacun des articles de ce programme et de présenter un rapport qui serait ensuite discuté en Assemblée générale.

Une discussion s'engage immédiatement sur ce point de l'ordre du jour.

M. Gavelle-Brière estime que la 2e et la 3e partie du programme ont entre elles une connexité telle qu'elles peuvent se fusionner, la 1re partie devant, en effet, faire l'objet d'études spéciales.

M. Rivière est d'avis que les industriels se trouvent dépourvus de compétence quand ils sont sur le champ de culture ; trop d'intérêts sont contradictoires pour qu'ils puissent efficacement travailler en commun : tout système intermédiaire de discussion lui paraîtrait défectueux.

M. Gavelle-Brière tient à répondre à cette objection. Il se propose d'examiner la question des desiderata de l'industrie ; les conclusions auxquelles il arrivera sont telles que si l'on n'assiste pas en commun aux discussions relatives à la décortication, l'intérêt général du Congrès pourrait avoir à en souffrir.

Quelques considérations relatives au décorticage et à la filature qui utilise les produits des décortiqueurs le conduisent à soutenir énergiquement qu'il ne faut pas éliminer les uns aux dépens des autres, mais bien arriver à une étude d'ensemble logique et judicieuse sur ce thème général : préparation et utilisation de la fibre. M. Favier exprime le même avis.

Après différentes observations, deux propositions contraires sont mises aux voix : I. *Nommera-t-on des sous-commissions ?* II. *Toutes les questions seront-elles discutées en séances plénières ?*

L'assemblée consultée se prononce, par 10 voix contre 8 et de nombreuses abstentions, pour cette dernière proposition.

L'ordre du jour appelle la discussion du rapport de M. Ch. Rivière en ce qui concerne la première question : « Si la culture de la Ramie qui est confinée dans un centre sino-asiatique peut en sortir et s'étendre dans des climats analogues et même plus favorables. »

M. Thierry pense qu'on peut la cultiver presque partout, mais qu'il va de l'intérêt de l'agriculture française de savoir quelles régions lui conviennent le mieux.

M. Faure cite l'exemple de ses cultures en Limousin ; il a un demi-hectare de Ramie qui pousse dans des conditions parfaites et arrive à la hauteur de 2 m. 50 ; il ne pense pas que nulle part, sauf en Argentine, on puisse obtenir de meilleurs résultats. D'après lui, il faut, pour que cette culture réussisse, des terrains légers, un climat plutôt chaud et pluvieux. En admettant même une température un peu froide pendant les mois d'hiver, trois mois de bonne chaleur suffisent à assurer des résultats.

M. Favier, tout en rendant justice aux efforts de M. Faure, qui a fait une bonne machine, rappelle qu'il a personnellement fait des essais de culture de la Ramie en Vaucluse, dans le Rhône, dans les Bouches-du-Rhône, les Alpes-Maritimes, les Pyrénées orientales, sur de vastes surfaces, etc., un peu partout en France, et qu'il n'a bien réussi nulle part à cause du climat. Ce serait induire le cultivateur en erreur que de lui conseiller la culture en France.

M. Faure objecte que sans doute le climat, partout où ces essais ont été faits, était sec; il a constaté lui aussi que dans les années de sécheresse le rendement diminuait de 50 0/0; conclusion : un climat pluvieux est nécessaire.

Il estime néanmoins que ce serait une erreur de pousser le cultivateur français à faire de la Ramie. Il ne soutient pas qu'en France ou même en Algérie la Ramie vienne dans des conditions idéales.

M. Michotte dit que si en France on ne peut arriver à un bon résultat, ce n'est plus la peine d'essayer.

M. Favier a fait des essais en Algérie, à Saint-Denis-du-Sig, la Ramie y vient très bien, malheureusement le manque d'eau est un obstacle.

M. le Président, pour simplifier la discussion et la clarifier en même temps, propose de prier M. Rivière, de lire la partie de son rapport qui a trait à cette question.

M. Rivière donne lecture du passage suivant :

CLIMATS CONVENABLES A LA RAMIE

« Il est peut-être excessif de poser en principe, ainsi que l'affirment quelques agronomes étrangers, que la culture de la Ramie appartient exclusivement aux climats à la fois chauds et humides, ou que, suivant des agronomes français, elle peut être pratiquée dans les parties tempérées de l'Europe.

Ces opinions sont discutables à bien des points de vue et elles le sont certainement si elles s'appliquent indistinctement aux deux espèces signalées dont les tempéraments sont si différents : *Urtica nivea* et *U. tenacissima*.

D'autre part, est-il bien exact de dire que si la Ramie n'a pas donné de résultats dans diverses contrées, Algérie, Tunisie, Madagascar, Réunion, Égypte, Maurice, Natal, États-Unis, République Argentine, etc., c'est que ces climats ne sont nullement à la convenance de la plante?

Le climat d'un pays n'est pas une entité unique. Il faudrait, pour être affirmatif, dire dans quelle partie du pays la tentative a échoué et si la plante a été placée dans son véritable milieu. Évidemment la Ramie, dans les États-Unis, ne peut pas végéter à Chicago, mais elle sera prospère sur le littoral du golfe du Mexique, dans la région de la canne à sucre, avec de l'irrigation, et, si elle ne réussit pas sur les plateaux de Madagascar, la pointe Nord, les parties bases et la zone du vanillier lui conviennent; les terres à cannes et à bananiers sont de bonnes indications générales pour la culture de cette plante.

Il serait peut-être imprudent d'attribuer aux mauvaises conditions qu'auraient présentées certains climats la lente éclosion de cette question. Ainsi qu'il est dit au début de cet exposé, c'est autant l'état général du marché des fibres que l'incertitude des procédés de traitement de la Ramie qui ont fait reculer l'emploi de cette dernière et conséquemment sa culture.

Le mode d'exploitation est variable avec les pays, et l'on a eu le grand tort en France, relativement à cette question, de tout rapporter aux conditions de la métropole, de l'Algérie ou de la Tunisie qui ne représentent pas les véritables milieux où la culture de la Ramie doit évoluer économiquement. La main-d'œuvre, dans ces cultures intensives, compliquées de questions industrielles, a une part prépondérante : or, son emploi est loin d'être résolu dans toutes nos colonies, sauf au Tonkin.

En général, l'exploitation familiale ne paraît pas appelée à être la première étape de la production de la Ramie et ce n'est pas par cette voie que l'industrie, à ses débuts surtout, trouvera la matière première pour ses usines : elle n'aurait là qu'un approvisionnement incertain ou insuffisant.

L'agriculture coloniale n'entreprendra de grandes plantations de Ramie que quand elle aura sous les yeux les exemples probants de son rendement et de son utilisation, car les frais de premier établissement en sont coûteux. D'autre part, les résultats des petits essais tentés un peu partout et sans méthode ont été peu satisfaisants, et il ne pouvait en être autrement. Ce serait donc continuer à perdre inutilement du temps que de solliciter n'importe où le concours de petits cultivateurs peu au courant de cette question et non convaincus de son avenir.

Aussi, quelques compagnies étrangères, ne méconnaissant pas cette situation, ont-elles agi sagement en prenant récemment toutes mesures pour parer au manque ou à l'insuffisance de la matière première destinée à leurs usines et pour se soustraire aux fluctuations du marché chinois. Dans ce but, ces compagnies ont commencé à créer pour leur propre compte des plantations de Ramie, directement exploitées par elles, dans les zones intertropicales les plus favorables. Une compagnie étrangère aurait acquis 15.000 hectares dans la partie nord-est de Sumatra et aurait défriché plus de 500 hectares de forêt vierge déjà convertis en plantation de Ramie.

Les industriels français doivent opérer de même, et en attendant l'implantation de cette culture dans nos colonies plus éloignées, l'Algérie offre, dans ses plaines basses du littoral Ouest, quelques milliers d'hectares qui peuvent permettre d'y obtenir un rendement moyen de la Ramie ; quoique cette plante soit là à sa dernière limite de production économique.

Les zones désertiques et steppiennes, malgré l'irrigation, ne paraissent pas favorables au développement de la Ramie, même avec le secours des arrosements, et les essais faits en Égypte, en dehors de la région de la canne à sucre, sembleraient le prouver.

En résumé, les grandes terres de l'archipel de la Sonde, Sumatra, Java, paraissent être par excellence les centres de végétation luxuriante de la Ramie, puis viennent quelques autres climats insulaires, Ceylan, Havane, Jamaïque, etc., et les rivages des continents caractérisés par la présence du bananier. Mais il ne faut pas oublier cet axiome de simple pratique : « Toute culture, pour être rémunératrice, ne doit pas se faire à la dernière limite de la végétation de la plante. »

Développant son sujet M. Rivière indique qu'il faut pour la culture de la Ramie beaucoup d'eau ; 4 à 500 mètres d'irrigation par hectare tous les dix jours environ, selon la nature des terrains.

M. Thierry soulève diverses questions au sujet de la culture de la Ramie dans les Antilles ; il estime notamment que, dans la zone équatoriale, les irrigations pendant la saison sèche sont inutiles et bonnes au contraire pendant l'hivernage.

Une discussion s'engage entre M. Thierry et M. Rivière au sujet du sirocco et des vents alizés.

En résumé M. Thierry dit qu'il n'a pas été tenu un compte suffisant des climats intertropicaux et que le rapport a été ramené presque exclusivement au climat de l'Afrique du Nord. Aux Antilles, dit-il, la végétation est tellement rapide qu'elle rattrape en peu de temps l'absence d'irrigation. La surproduction fatiguerait la plante.

M. le Président ne pense pas que la Ramie ait forcément besoin d'un arrêt de végétation ; elle peut vraisemblablement donner en tout temps des pousses et des repousses ; au Muséum on voit toujours en végétation, dans les serres chaudes, une espèce tardive, le *Bœhmeria macrophylla*. Dans la saison sèche, si on supplée à l'absence de pluies, on pourra obtenir de nombreuses coupes.

M. Thierry soutient néanmoins que dans la zone équatoriale la végétation est suspendue pendant deux ou trois mois et qu'il est inutile, pendant cette période, de faire de l'irrigation.

M. le directeur Binger rapproche des exemples fournis par M. Thierry ce qui se passe dans le golfe de Guinée où il serait également inutile pendant la saison sèche, de faire de l'irrigation mais il estime que le rapport de M. Rivière a prévu le cas, en disant que l'irrigation est inutile dans la région des bananiers.

M. Rivière tient à établir nettement les caractères qui différencient l'*Urtica nivea* de l'*Urtica tenacissima* ; les appréciations différentes sur la culture de la ramie viennent souvent de la confusion qui s'établit entre ces deux plantes. L'*Urtica nivea* semble convenir aux pays tempérés ; l'*Urtica tenacissima* convient aux pays chauds et pluvieux. La seconde est celle des deux espèces avec laquelle on fabriquait jadis les belles toiles de Hollande ; elle se comporte en général beaucoup mieux que celle des pays tempérés.

M. le Président propose comme conclusion d'indiquer :

II. — *Que l'Urtica nivea convient aux pays tempérés et l'Urtica tenacissima aux pays chauds et pluvieux.*

ADOPTÉ A L'UNANIMITÉ.

M. le Président rappelle que la Ramie pousse spontanément au Tonkin et dans diverses parties de l'Indo-Chine ; il semble, dès lors, qu'il y ait intérêt à pousser à la culture de la Ramie dans ces régions et particulièrement au Tonkin. La plus grosse objection qu'on fasse partout où nous essayons de préconiser la culture de la Ramie est le prix de la main-d'œuvre ; mais elle est là-bas abondante et à bon marché ; on fera œuvre utile en conseillant aux colons de développer cette culture en Indo-Chine, quand l'industrie aura admis l'emploi de ce textile.

M. Michotte demande qu'avant de prendre une décision à cet égard le Congrès soit fixé sur la grave question de l'écoulement des produits.

M. Cornu estime que les questions sont subordonnées les unes aux autres, les choses sont liées et d'ailleurs les votes de l'assemblée ne sont que conditionnels, la sanction définitive appartiendra à la dernière séance lorsque le Congrès aura embrassé toutes les questions.

Il demande si le Congrès est d'avis de conclure que la culture de la Ramie convient spécialement au Tonkin ?

M. Favier dit que M. Viterbo, délégué du Tonkin à l'Exposition, pourrait fournir d'utiles renseignements.

Quelques membres présentent diverses observations sur cette culture en Indo-Chine et en Corée. Il en résulte que la Ramie vient en Indo-Chine dans les meilleures conditions; que cette région est le véritable pays d'origine de la Ramie; que la main-d'œuvre y est à bon marché, puisque l'Annamite s'emploie moyennant 16 à 18 centimes la journée et le Chinois au Cambodge et au Laos moyennant 8 à 10 piastres le mois; que les indigènes dans toute l'étendue de l'Indo-Chine cultivent et travaillent à la main cette plante, notamment pour la fabrication de filets et engins de pêche en Annam, de toiles et tissus au Tonkin; que d'autre part elle pousse partout abondamment et fournit une culture excellente pour les terrains qu'on ne peut pas mettre en rizière.

III. — *En conséquence, le Congrès émet l'avis que l'Indo-Chine et notamment le Tonkin paraissent convenir à la culture de la Ramie.*

Adopté a l'unanimité.

On passe à la discussion des modes de culture.

M. Rivière lit la partie de son rapport qui a trait à cette question. Il conclut à la facilité extrême de la multiplication par rhizomes et à la nécessité d'une plantation très intense, très dense.

La deuxième question est la question des prix. Le prix des plants de Ramie est actuellement très élevé, mais quand on aura déjà planté quelque peu dans une région, le prix diminuera singulièrement, attendu que ce sont les premiers plants qui sont coûteux. Le premier hectare de la première année coûte cher, celui de la deuxième année ne coûte plus grand'chose. Dans la localité où il y aura trente hectares cultivés en Ramie, on trouvera des plants à très bon compte, surtout si l'on n'est plus obligé de s'adresser aux pépiniéristes. A partir de la deuxième année, il y a des éclaircissements qui s'imposent pour le tracé des rigoles d'irrigation.

On a régénéré des plantations qui ont plus de vingt ans, dit M. Rivière, en passant une herse; l'expérience confirme qu'on peut maintenir une plantation en excellent état pendant au moins dix ans sans frais nouveaux.

M. Faure confirme par expérience personnelle cette observation. Un carré planté depuis dix ans s'est régénéré en dédoublant les tiges.

Ce qui coûte cher, c'est la première année, à cause des travaux de défoncement, d'ameublissement et d'achat de plants.

Sur une question posée au sujet de la multiplication, on affirme qu'elle peut se faire par tous les moyens possibles; quant aux coupes, l'expérience a démontré que dans la zone intertropicale humide 4, 5 et 6 coupes, sauf restitution fertilisante, peuvent être obtenues; la complète élongation de la plante peut s'obtenir en six semaines.

M. Favier l'a obtenue en Egypte en six semaines.

En Limousin, M. Faure l'obtient en sept semaines.

M. Favier soulève une discussion intéressante, mettant en opposition l'intérêt du cultivateur et celui de l'industriel à propos de l'époque où la coupe doit se faire, mais M. Rivière fait observer qu'il y a là une question préjudicielle: il s'agit de savoir comment l'industriel est outillé.

Suivant M. Michotte, quel que soit le procédé industriel, il y a toujours intérêt à ce que la tige soit le mieux développée, mais aussi à ce qu'elle ait le moins de pellicule; la question de décortication disparaît devant cette première constatation de M. Faure: la Ramie sera industrielle ou elle ne sera pas. Pour qu'elle soit industrielle, il faut que la fibre soit suffisamment bonne, qu'elle soit à son premier point de maturité ou à son dernier. En effet, M. Favier, dans ses nombreuses expériences, n'a trouvé que des différences de rendement presque insignifiantes, notamment dans les lanières de Ramie que lui a livrées M. Faure et qui prove-naient de maturations différentes.

M. Gavelle insiste pour que le moment le plus favorable de la coupe soit net-tement déterminé et M. Marcou s'associe à cette demande.

M. Favier pense que l'époque la meilleure doit être après l'élongation complète de la coupe et avant la floraison.

M. Faure coupe sa Ramie quand la pellicule commence à rougir.

M. Rivière estime que la question est très complexe : ce qu'il faut rechercher avant tout, c'est la coupe la plus rapide. On demandera aux décortiqueurs si leurs différents moyens s'appliquent aux différents états de la végétation et si leurs procédés mécaniques s'appliquent à tous ces états.

M. Gavelle voudrait que l'agriculteur pût lui dire à quelle époque il devra couper pour que la pellicule ait le moins d'épaisseur possible, la lanière conte-nant le plus de fibres possible, en un mot quel serait le moment le plus favo-rable à tous les points de vue.

Pour M. Rivière la réponse à faire est nette si l'on obtient la certitude que les procédés grossiers de décorticage n'altèreront pas les tiges. Alors la coupe doit se faire dès que l'élongation de la tige est terminée, *que sa partie terminale présente de la résistance, à dix centimètres de l'extrémité.* Moins on attend, moins le revête-ment épidermique est formé.

M. Dupouchel partage entièrement la manière de voir de M. Rivière.

On aborde la question de méthode de coupe : serpette, faucille, machine?

M. Faure cite l'exemple de ce qu'il fait sur son terrain. On coupe à la serpette, et quand les tiges sont en tas, on les fait passer à la machine.

Sur une objection de M. Rivière, une discussion s'engage au sujet du poids et du nombre de tiges par hectare, puis sur la nécessité de l'effeuillage et sur le séchage.

En résumé, on met aux voix les divers modes de culture et les appréciations préconisées par M. Rivière et l'on adopte finalement la motion suivante :

IV. — *En général, la culture de la Ramie ne présente ni difficultés, ni frais considé-rables ?*

Un terrain remué et profondément défoncé lui convient.

La coupe à la machine ou à la faucille donnera de bons résultats.

Deuxième séance.

29 JUIN — MATIN

Les membres du Congrès international de la Ramie se sont réunis en séance le vendredi 29 juin, à 9 h. 1/2 du matin, dans la salle des conférences de l'Ex-position coloniale, sous la présidence de M. Maxime Cornu, président, MM. Martel et Rivière, assesseurs.

M. Rivière, rapporteur général, après la lecture du procès-verbal de la der-nière séance, fait, en cette qualité, une observation au sujet de la culture de la Ramie dans les régions tropicales; il pense que l'irrigation est indispensable dans les pays chauds à périodes sèches : dans ces régions, la culture de la Ramie n'est possible que par l'irrigation; c'est une culture intensive, il faut lui donner environ 1.500 mètres cubes d'eau par mois.

M. Gavelle tient à faire remarquer 1° qu'entre la Ramie *nivea* et la Ramie *tena-*

cissima il y a un caractère de distinction bien tranché : la caducité de la *nivea*, tandis que la *tenacissima* reste à végétation constante.

2° Sur le moment de la maturité de la tige, il rappelle que M. Rivière l'a parfaitement déterminé en indiquant qu'il faut, pour reconnaître cette maturité, pincer la tige à 10 centimètres de l'extrémité et, dès qu'on s'aperçoit qu'elle offre une certaine résistance, elle est bonne à couper.

Le procès-verbal de la dernière séance est adopté.

L'ordre du jour appelle la discussion sur le rendement à l'hectare, en tige et en filasse.

M. Rivière expose que ce rendement est absolument variable selon les climats, qu'il est donc très difficile d'établir à première vue le rendement à l'hectare. Il s'agirait au fond de savoir quel traitement les industriels veulent appliquer. Doit-on opérer en vert ou à sec?

La Ramie exige une culture intensive. Dans les bonnes cultures, elle atteint 1m60 et quelquefois 1m70; la plantation doit être dense; 40 tiges au mètre carré et, dans certains cas, 80 ou 85 tiges; mais en moyenne on peut réduire à 40 tiges d'une hauteur de 1m60 utilisable.

Si l'on coupe en vert, le poids brut varie entre 18 à 25.000 kilogrammes.

M. Duponchel confirme ces observations; il est arrivé à 18.000 kilogrammes Mais, dans les pays chauds, immédiatement après la coupe on perd un poids considérable; il appelle sur ce point l'attention des cultivateurs et industriels.

M. Favier déclare avoir obtenu 30.000 kilog. donnant 6.000 kilog. de filasse complètement décortiquée fournissant 800 kilog. de filasse dégommée.

M. Michotte est d'accord avec ces chiffres.

M. Gavelle estime qu'entre les cultivateurs et les industriels il faudra toujours un intermédiaire. Pour la Ramie, comme pour le lin, comme pour le coton, comme pour la laine, les filateurs n'iront pas acheter leur Ramie au producteur.

Il ne faut pas compter que l'intermédiaire achète jamais la Ramie sur pied au poids de la tige verte. Il n'a pas intérêt — au contraire — à ce qu'elle pèse beaucoup, mais bien à ce qu'elle contienne beaucoup de filasse.

M. Rivière est de cet avis; il y a en effet place pour un intermédiaire, non pas au point de vue commercial seulement, mais comme industrie de préparation des fibres.

M. Gavelle estime qu'il y a place pour une industrie spéciale qui serait la décortication de la Ramie, mais M. Rivière la subordonne aux procédés qui seront mis à la disposition des cultivateurs.

Il est incontestable, suivant M. Favier, que l'intermédiaire est indiqué pour la décortication en sec. A l'état vert, il semble que le cultivateur pourra peut-être faire lui-même la décortication.

M. Michotte a une opinion analogue; il est convaincu que la Ramie a besoin d'un industriel qui achète la Ramie sans s'inquiéter de savoir quel sera le procédé de décortication, qui la dégommera, et qui la vendra peut-être à l'état brut.

On se trouve en présence d'une plante textile de poids formidable; il faut qu'elle soit réduite à son état le plus simple, c'est-à-dire à la fibre.

Si on veut faire de la Ramie avec des usines de décortication nécessitant un matériel qui coûte 3 ou 400.000 francs, on hésitera à se lancer dans cette voie Il faut par les procédés les plus simples se débarrasser de ces poids énormes et encombrants résultant de la coupe brute d'un hectare de Ramie.

M. Favier est de cet avis, pour la décortication à l'état vert, mais elle n'exclut pas l'usine indispensable pour la décortication à l'état sec. Il est vrai, dit-il, que la tige sèche donne 20 % de filasse complètement décortiquée, pellicules enlevées.

Après diverses observations de MM. Michotte, Gavelle et Cornély, M. Rivière signale qu'il a assisté la veille avec plusieurs de ses collègues à d'intéressantes expériences de M. Faure faites par différentes machines de son invention qui produisent de la lanière non dépelliculée, dépelliculée et même défibrée. Dans un cas, par un mode très simple de râclage, l'épiderme est enlevé et laisse une lanière bien dépelliculée.

M. Gavelle confirme qu'une des machines de M. Faure donne un produit bien dépelliculé analogue au china-grass.

A la suite de discussions rendues confuses par suite des termes employés par les orateurs, M. le Président ramène la question sur son véritable terrain et insiste sur la nécessité de définir les différentes parties qui engluent les fibres. Ces parties sont, d'après lui, comme suit : 1° la pellicule, 2° la gomme ; elles agglutinent la fibre pure. L'ensemble de l'écorce renfermant les fibres, la gomme et la pellicule doit s'appeler lanière.

Une longue discussion s'engage sur la précision des termes qu'il s'agit de déterminer ; on examine successivement les appellations anglaises et françaises et l'on cherche à éviter, par une classification exacte et précise, les confusions préjudiciables aux intérêts des cultivateurs et des industriels.

M. Rivière propose, pour l'écorce séparée du bois, les deux expressions : *lanière brute* quand elle possède son épiderme, et *lanière dépelliculée* quand elle en a été privée.

M. Gavelle ayant comparé cette dernière au china-grass, M. Rivière explique que le china-grass est une matière absolument spéciale qui a subi une foule de préparations et M. Cornu confirme qu'elle est une lanière dépelliculée qui a subi des manipulations, mais que la réciproque ne serait pas exacte en ce sens qu'on ne peut dire que la lanière dépelliculée est du china-grass.

On vote sur l'adoption de cette motion :

V. — *Le Congrès, pour définir nettement la lanière, adopte les deux termes : lanière brute et lanière dépelliculée.*

Adopté a l'unanimité.

M. le Président. — Dans la lanière qui a été dépelliculée, il reste différents produits, la gomme notamment ; la lanière dépelliculée et dégommée doit s'appeler la filasse.

M. Rivière pose une objection : la lanière dépelliculée s'obtient soit par la mécanique, soit par le traitement chimique.

Mais alors, répliquent MM. Gavelle, Favier et Michotte, nous arriverons à une extraordinaire confusion de termes selon que le dégommage sera obtenu par tel ou tel procédé. « Ne vaut-il pas mieux, dit M. Gavelle, donner aux produits des *marques* correspondant aux procédés qui leur ont donné naissance ? » Il faut en effet que la classification adoptée par le Congrès soit adoptable par l'industrie.

M. Rivière insiste pour démontrer que quatre termes très précis et très clairs valent mieux que l'énumération d'une foule de marques.

Il propose les quatre termes suivants : lanière brute, lanière dépelliculée, filasse non dégommée, filasse dégommée.

M. Gavelle insiste aussi pour que la définition qui sera adoptée indique nettement quel doit être l'état de la matière pour qu'elle soit adoptable par l'industrie ; pour que ce soit de la filasse, il faut qu'on puisse l'employer au peignage sans dégommage.

M. le Président propose cette définition :

VI. — *La filasse est un produit qui peut passer au peignage sans dégommage préalable.* Adopté.

La question du rendement à l'hectare soulève ensuite une discussion assez compliquée.

Une tige de 1 m. 60, dit M. Rivière, donne à peu près 3 grammes de filasse prête à entrer en filature ; à l'hectare, cela représente théoriquement 1.200 kilog. de matière industrielle ; si l'on suppose 4 coupes par an, cela ferait 4.800 kilog. ; en réduisant à 4.000, on peut évaluer le rendement d'un hectare à 4.000 kilog. d'une filasse à peu près dégommée, c'est-à-dire contenant encore environ 10 % de gomme.

Le premier terme, 3 grammes, est contesté par M. Michotte et par M. Duponchel. Ce dernier estime que le rendement moyen par tige, en filasse contenant encore de 10 à 12 % de gomme, est de 2 gr. à 2,1 gr. : soit 700 kilog. par hectare de fibres prêtes à passer au peignage. Il ajoute que si l'on tient compte de la différence de rendement existant entre les 4 coupes d'une même année, on sera beaucoup plus près de la vérité en estimant que le rendement net moyen sera de 600 à 630 kilog. par hectare.

M. Promio demande si l'on entend parler de la filasse dégommée ou non dégommée.

M. Favier estime que le rendement de 3 grammes de fibre dégommée, par tige, indiqué par M. Rivière, est trop élevé. C'est le rendement qu'on peut estimer en fibre non dégommée.

M. Rivière déclare que c'est là un rendement moyen fourni par différents procédés.

M. Gavelle, après une longue discussion avec MM. Michotte, Favier et autres, indique qu'il ne faut pas, dans l'appréciation du rendement, préjuger l'obligation du dégommage, parce que beaucoup d'industries n'en ont pas besoin.

Mais on fait remarquer qu'il est nécessaire d'évaluer le rendement en poids de fibres pures.

Enfin, le Congrès se prononce dans ce sens nettement indiqué par le Président.

VII. — *La Ramie de 1 m. 60 en moyenne produit, par hectare et par coupe, environ 800 kilog. de filasse complètement dégommée.*

Adopté a la majorité.

La séance est renvoyée à 2 h. 1/2.

Troisième séance.

VENDREDI 29 JUIN — APRÈS-MIDI

M. le Président annonce que le Congrès va avoir à traiter une première question extrêmement importante : Y a-t-il place pour un intermédiaire entre le cultivateur et l'industriel ? Pense-t-on que le cultivateur doive procéder lui-même aux opérations qui suivent la récolte de la Ramie, ou croit-on au contraire qu'il lui faut, comme cela se passe pour la betterave, une usine centrale qui se charge de mettre en œuvre les produits de sa culture ?

M. Favier. — Pour le traitement de la Ramie à l'état sec, l'usine s'impose. Pour la Ramie à l'état vert, l'agriculteur doit pouvoir décortiquer lui-même.

M. Gavelle-Brière souhaiterait, quant à lui, qu'il existât une industrie d'entrepreneurs de décortication ; cependant on sait qu'au point de vue industriel, plus il y a d'intermédiaires, plus le produit est cher, mais M. Gavelle-Brière rappelle que quiconque s'est occupé de Ramie sous le double rapport de la culture et de l'industrie pense qu'un intermédiaire est *nécessaire*.

Suivant M. Marcou, il en sera, sans doute, de la Ramie comme de la betterave, ainsi que le faisait fort bien remarquer tout à l'heure M. le Président. Au début, il sera nécessaire qu'il y ait un décortiqueur distinct du cultivateur, puis, peu à peu, la situation changera ; l'agriculteur, le planteur, mis au courant des procédés chimiques ou de machinerie aptes à lui procurer une décortication satisfaisante, supprimera de lui-même l'intermédiaire onéreux et inutile.

M. le Président. — L'un des avantages principaux d'une usine centrale, c'est de permettre à la petite culture de faire de la Ramie. On objecte les frais de transport du lieu de production à l'usine. La création d'une usine centrale au milieu et à proximité des cultures de toute une région diminuerait justement ces frais.

M. Gavelle-Brière ne pense pas qu'il faille s'arrêter à la conception d'une usine au sens où l'entend M. le Président. Il trouve au contraire que l'entrepreneur de décortication devra se transporter sur place avec sa machine.

M. Favier. — Il me semblerait naturel que les agriculteurs apportassent leur récolte à l'usine, comme l'on apporte le blé à la minoterie. Je crois que ce problème peut se réaliser sans augmentation trop considérable de frais, comme pour le blé, comme pour la betterave, et que le décortiqueur à façon n'est pas indispensable.

M. le Président. — En effet, s'il y a trois ou quatre coupes, le déplacement de la machine, qui n'est pas indispensable, pourrait devenir très onéreux.

M. Gavelle-Brière. — Toute la question est de savoir si on adoptera le décorticage à sec ou non. Le décorticage à sec ne nécessite qu'un outillage relativement peu coûteux et le cultivateur peut à la rigueur faire cette opération lui-même. Il en est tout autrement pour le décorticage en vert.

M. Michotte n'est pas de cet avis. La création des usines centrales n'a rien produit. Le cultivateur, dit-on, n'achètera pas une machine ; il en a bien acheté pour battre le blé. Du moment qu'il faudra transporter la Ramie, que ce soit en vert ou en sec, il n'y aura plus de Ramie.

M. Duponchel. — Une usine centrole aura plus d'intérêt a transporter à distance raisonnable l'énergie nécessaire à actionner des machines qui travailleront la tige sur place. Dans ces conditions on évitera le transport d'un poid mort considérable.

Un membre estime que la culture de la Ramie devra surtout se faire dans les colonies qui en produisent naturellement. A ce titre, l'Indo-Chine est mieux placée qu'aucune autre ; mais les moyens de communication y sont très onéreux ; il faudra là-bas que ce soit le cultivateur qui décortique lui-même sa Ramie.

Aux colonies, le moindre transport, ne fût-ce même qu'à dos de mulet, d'un seul mulet, ressort à des prix considérables.

M. Michotte. — On parle de transporter une machine comme d'une difficulté, et l'on en trouve pas à transporter 30.000 kil. par coupe et par hectare, parce qu'ils sont séchés.

Il est bien certain dans tous les cas que le transport de la machine coûtera toujours moins cher que le transport de la Ramie ; conclusion : pas d'usine centrale, puisque le cultivateur doit y transporter une marchandise très lourde ; de même, pas de décortiqueur à façon en raison des frais de transport de sa machine.

Il faut que le cultivateur ait sa machine à lui, comme il a des faucheuses, des batteuses pour le blé, etc.

M. le Président. — Le Congrès paraît d'avis que :

VIII. — *Au point de vue de la décortication tout au moins, la Ramie soit traitée sur place, dans le champ, pour éviter de grosses dépenses de transport.*

Cette proposition est mise aux voix.

Adopté.

M. le Président. — Messieurs, il existe une série de questions qui ont longuement divisé le monde de la Ramie et que nous devons traiter aujourd'hui. La première que je doive soumettre à vos délibérations est celle-ci : Doit-on décortiquer la Ramie à sec ou en vert?

L'une et l'autre méthode ont leurs avantages et leurs inconvénients.

M. Favier. — Les deux produits sont utilisables. Mais celui qui donne lieu aux plus grands débouchés est le décorticage à sec, qui ne comporte pas de dégommage, pas de manipulations. Je dois avouer cependant que les objets de fabrication ainsi obtenus sont plutôt du commun. Le vert, au contraire, donne les linges de table, la fantaisie. Pour la force, pour l'article ordinaire, je préconiserai le décorticage à l'état sec.

M. Gavelle-Brière. — Je suis heureux de constater l'accord qui existe entre nous.

M. Favier. — Dans tous mes écrits, j'ai prôné le décorticage à l'état sec. Je ne me suis rangé du côté de ceux qui veulent le décorticage en vert que par suite de l'impossibilité d'obtenir qu'on décortique à l'état sec. J'ai un matériel tout prêt pour la filature de ce produit que je puis immédiatement acheter s'il est à l'état de filasse bien dépelliculée.

M. Michotte. — Je voudrais bien savoir comment on peut faire sécher la Ramie; je fais faire à mes machines le vert et le sec, mais je voudrais qu'on me montrât comment on séchera la Ramie.

M. Favier. — On peut la faire sécher; j'y suis arrivé en Algérie, en Egypte...

M. Gavelle-Brière. — Messieurs, je ne suis l'inventeur d'aucun procédé, ni d'aucune machine, ni d'aucune méthode... Mais, représentant ici de l'industrie linière, je dois me placer uniquement au point de vue de l'utilisation de la Ramie par la filature. Eh bien! pour trouver de grands débouchés auprès des filateurs du Nord, il faut la présenter décortiquée à sec. Le jour où vous pourrez présenter à la filature de lin de la filasse de Ramie à l'état sec, ne contenant ni pellicule ni bois... vous trouverez des débouchés considérables.

A quel prix pourrait-on offrir ce produit? C'est la seconde question que je me propose de traiter.

Messieurs, le lin n'est pas un produit d'une valeur uniforme. Elle varie actuellement, suivant la provenance, de 70 et 80 francs jusqu'à 3 et 400 francs les 100 kilogs. Il convient donc, tout d'abord, de déterminer à quelle *sorte de lin* la Ramie peut être comparée; j'estime que celui qui peut être pris comme terme de comparaison est le *lin de Russie Yaropol 1re sorte* qui valait 52 à 53 francs il y a deux ans et en vaut aujourd'hui 90 à 92. Il faut donc que la Ramie puisse s'offrir à un prix variant dans ces limites.

Si on ne peut arriver à ces prix, il faut déclarer — au point de vue de l'utilisation par la filature de lin tout au moins — que la Ramie ne peut entrer dans la grande consommation.

A mon avis, pour que la filasse de Ramie puisse entrer dans la grande consommation, il faut qu'elle puisse se vendre aux environs de 70 francs les 100 kil. cours moyen.

M. Michotte. — Pour moi, le séchage est impossible, vu la quantité considérable à traiter ; et la dépense de charbon nécessaire en empêchera toujours l'utilisation industrielle.

M. Duponchel. — Si les deux produits étaient parfaitement déboisés et dépelliculés, à quel traitement conviendraient-ils le mieux : vert ou sec ?

M. Gavelle-Brière. — La Ramie en vert contient beaucoup de gomme ; à sec, elle en contient moins. On arrive en filature à de meilleurs résultats en sec ; dans l'*industrie linière* on préférera toujours la filasse provenant de la décortication en sec.

M. Duponchel fait des réserves et montre au Congrès des fils faits sur du vert.

M. Marcou. — Permettez-moi, Messieurs, de me placer au point de vue des deux opinions qui viennent d'être exprimées. M. Duponchel travaille la Ramie pour la filer lui-même ; M. Gavelle se place au point de vue de la filature du lin en général. Faut-il s'occuper de la Ramie au point de vue de tous ou au point de vue d'un seul ? M. Gavelle vous dit : Si vous donnez une filasse en sec, vous travaillez pour tous les filateurs. M. Duponchel, au contraire, vous propose un produit superbe, mais qui ne pourra être utilisé que par lui seul.

M. Duponchel répond que M. Marcou est dans le vrai pour le présent du moins, mais que la société à laquelle il appartient, compte dès que ses plantations auront acquis leur importance globale, fournir à l'industrie linière des produits entièrement dégommés et susceptibles d'être filés.

M. Michotte. — J'en reviens toujours à ma question : Oui ou non, peut-on sécher la Ramie ?

M. Duponchel. — Là n'est pas absolument la question ; les spécialistes nous ont affirmé qu'on le pouvait, et de nouveaux procédés sont à l'étude ; mais, à mon avis, la question est de savoir si, quand elle a été traitée à l'état sec, il ne lui reste pas encore assez de gomme pour nécessiter le dégommage.

M. le Président. — Il me semble que la question qui nous occupe avait été très bien posée par M. Favier : si on décortique en sec, on obtient un produit parfaitement suffisant pour certaines industries.

M. Gavelle-Brière. — Oui ; mais où M. Favier arrête-t-il l'emploi de la Ramie décortiquée à sec ? Pour moi, j'ai filé jusqu'au n° 21 métrique, correspondant au n° 35 anglais et j'estime qu'on peut aller jusqu'au n° 40 anglais.

M. Favier. — Si nous entrons dans le détail, je dirai que pour pousser au-delà des numéros 20, il faut de la Ramie en vert.

M. Marcou apporte l'opinion d'un filateur qui n'a jamais fait de Ramie et qui, à la vue des échantillons spéciaux de sa vitrine, lui a dit qu'il était prêt à acheter des quantités de filasse de Ramie décortiquée à sec et qu'il n'achèterait jamais le china-grass décortiqué en vert.

M. le Président. — Je crois que le Congrès ferait une très bonne œuvre en adoptant la définition de M. Favier :

La Ramie décortiquée à sec a un emploi immédiat qui sera limité à la finesse du n° 20 environ. Au delà de ce numéro, il faut employer la Ramie à l'état vert.

La première est excellente pour les articles communs.

La seconde convient pour ceux de luxe.

M. Gavelle-Brière confirme cette définition et il ajoute qu'il faut que les cultivateurs soient bien prévenus que tant qu'ils pourront faire de la décortication en sec, ils doivent la faire.

M. Duponchel rappelle que la Ramie est putrescible quand elle est insuffisamment dégommée. Tout en le reconnaissant, M. Gavelle-Brière dit qu'il en est de même de tous les produits textiles. Il faut les employer immédiatement, à sec autant que possible, faire le fil et blanchir ensuite. Il n'y aura pour la Ramie aucune difficulté de plus.

M. Favier. — Absolument exact. On obtiendra l'imputrescibilité après.

M. Duponchel est d'un avis tout opposé. Il pense qu'il est de beaucoup préférable de débarrasser la fibre de toutes ses gommes avant de la filer.

M. Gavelle-Brière. — Dans tous les cas, il est très bon de prévenir les cordiers, par exemple, que la Ramie non dégommée n'est pas imputrescible.

M. Favier. — Pour le dégommage des fils, il existe des industriels qui le font ; le filateur n'aura donc pas à se préoccuper de ce point de vue.

On passe au vote de la proposition de M. Favier :

Avec la Ramie à l'état sec, on peut aller jusqu'aux numéros moyens ;

Au delà, on peut avoir des produits capables de rivaliser avec la soie en décortiquant à l'état vert.

M. Rivière préfère le mot *travailler* au mot *décortiquer* qui semble imposer une méthode unique de traitement.

M. Gavelle-Brière et M. le Président s'efforcent de conclure et de définir nettement les questions soumises au Congrès : Définissons d'abord les anciennes méthodes, les méthodes les plus connues ; nous étudierons après les méthodes mixtes.

M. Gavelle-Brière affirme qu'en tout cas aucun système de décortication n'est possible, au point de vue de l'utilisation en filature, que par machine.

M. Pümping. — Pour certaines filatures, le vert est préférable.

M. Michotte. — Tout cela est une question de prix : M. Gavelle nous dit que le décorticage en sec est meilleur, parce qu'il pense qu'on en peut offrir des prix plus rémunérateurs. M. Pümping déclare préférer le vert. Quels sont donc ses prix ?

M. Marcou. — Il y a en effet deux classes d'acheteurs : ceux du lin préfèrent le sec ; ceux de la Ramie, les ramistes, les spécialistes, préfèrent le vert.

M. le Président. — Pour résumer les débats, je vous soumets à nouveau la proposition de M. Favier formulée ainsi :

IX. — *Le décorticage en sec est immédiatement utilisable par la filature, mais ne donne que des numéros moyens.*

ADOPTÉ PAR 6 VOIX CONTRE 1 : nombreuses abstentions.

X. — *Cette filasse offre de grandes facilités pour l'acheteur.*

ADOPTÉ PAR 10 VOIX : nombreuses abstentions.

XI. — *La Ramie traitée en vert permet de faire des fils au-dessus des numéros moyens qu'on ne peut obtenir avec la décortication à sec.*

ADOPTÉ.

M. Michotte revient sur les difficultés du séchage.

Une longue discussion s'engage à nouveau sur ce sujet.

M. Lacote expose que dans l'Anjou on met le chanvre à rouir, et qu'ensuite on le transporte dans les fourneaux.

M. Michotte. — L'assimilation n'est pas possible.

On nous a dit aussi : nous séchons sur des fils de fer ; mais comment faire supporter à des fils de fer un poids aussi considérable que celui de la Ramie ?

On a dit : on sèche au soleil; or, le lendemain les tiges sont pourries.

Dans des étuves? Quelle étuve sera assez grande et quelle dépense de charbon?

Sous des hangars? Le résultat est 2 kil. pour 100 kil.

Sur le terrain? Dans quel terrain, dans quel pays?

Les pays qui produisent la Ramie sont, vous l'avez dit vous-mêmes, les pays chauds et pluvieux, humides en somme; est-ce sur ce terrain que vous ferez sécher votre Ramie?

On a obtenu évidemment de la Ramie sèche en séchoir, mais à quel prix? Songez qu'il faut 120 kil. de charbon pour évaporer 1 mètre cube d'eau... théoriquement. Le fabricant dépensera beaucoup plus !...

Si la décortication en sec était facile, je serais le premier à la préconiser, j'aurais une machine beaucoup plus facile à manœuvrer.

Nulle part on ne pourra dire que la décortication à l'état sec est possible : ni en Algérie, ni au Tonkin, ni à Sumatra.

M. Favier proteste au nom de l'Algérie. Divers membres font remarquer que du Tonkin à Sumatra on ne fait que le china-grass.

M. Rivière reconnaît que les cultivateurs ont toujours été aux prises avec de grandes difficultés de manipulation pour le traitement en sec. Il rappelle que les populations indo-chinoises ont toujours traité en vert. Pour lui, moins les tiges sont sèches, plus la décortication se fait mal pour le travail en sec. Pour faire sécher, il faut des espaces immenses et des frais de manipulation énormes. Sans doute on a bien essayé d'obtenir la dessiccation à l'air libre; mais dans ce système la dessiccation absolue est difficile, sinon impossible à obtenir. En somme, c'est là une question d'appréciation industrielle... La corderie dira d'ailleurs qu'elle ne tient pas à une défibration absolue. Chacun se place à son point de vue, mais M. Rivière pense que, pour arriver à mettre tout le monde d'accord, on doit arriver à déterminer les moyens les plus simples et les plus pratiques de production, dans un but déterminé, visant telle ou telle industrie.

M. Favier signale qu'il a séché de la Ramie à Saint-Denis-du-Sig, en Égypte et même en France.

M. Promio, sans pouvoir rien nous dire encore, espère d'ici au mois d'octobre être en mesure d'indiquer un moyen de dessiccation.

M. Pümping craint que la dessiccation n'entraîne une fermentation inévitable.

L'avis de M. Gavelle-Brière est que les tiges de Ramie séchées et décortiquées donnent une matière qui n'est pas comparable, au point de vue de l'utilisation industrielle, aux tiges décortiquées en vert et affirme que, le jour où on apportera aux filatures de lin du Nord de la Ramie décortiquée à sec, on trouvera un débouché considérable.

On objecte qu'il reste de la gomme. Erreur. La contexture de la gomme est telle qu'elle s'élimine par la décortication à sec.

M. Pümping, représentant de la filature de Ramie de Bellegarde (Ain), (1) n'emploie que de la Ramie à l'état vert; néanmoins il estime qu'il faut attacher une grande importance aux déclarations de M. Gavelle.

M. le Président pense aussi que ces déclarations ont une importance considérable.

M. le Rapporteur général. — S'il ne s'agit pour être absolument certain de trouver le placement de tout ce qu'on peut produire en Ramie que de trouver un procédé

(1) Autres filatures de Ramie en France : MM. Favier et Cie (Ramie Française), à Valabre. — Gavelle-Brière, à Lille. — Société française de la Ramie, à Malaunay.

de dessiccation qui, facilitant la décortication, éviterait les incertitudes du dégommage, la question se simplifierait.

M. Gavelle-Brière. — Je prends note de ce que dit M. Rivière... Après la déclaration j'ai eu l'honneur de vous faire au début de cette séance, la sienne prend une importance capitale.

M. le Président. — M. Pümping, avec sa grande compétence, M. Gavelle, avec toute l'autorité qui s'attache à sa qualité de secrétaire général du Comité linien du nord de la France, nous disent que cette industrie est prête à adopter la Ramie quand nous la lui fournirons à l'état de filasse traitée à sec; M. Rivière pense qu'on peut arriver à ce résultat; ces diverses opinions ont une importance énorme; à elles seules, elles suffiraient à donner à notre Congrès le caractère sérieux et pratique qu'il doit présenter. Je vous invite à préciser ces débats sous forme de motions : 1° Le Congrès est-il d'avis que la dessiccation des tiges soit possible? 2° Le Congrès peut-il émettre l'avis qu'il y a un grand nombre de pays où la dessiccation des tiges soit possible?

M. Rivière expose que, dans la première phase d'utilisation de la Ramie, tous les efforts se sont portés sur le traitement en sec, qui présentait des difficultés de toutes sortes, par suite tout au moins de l'état peu avancé des procédés qui lui étaient applicables. De là les recherches par le traitement en vert. Ce dernier traitement, qui permet une décortication plus rapide et faciliterait le dégommage, ne correspondrait pas exactement aux besoins de l'industrie et M. Gavelle indique une autre voie. Suivant notre collègue autorisé, avec la lanière sèche on obtient un produit qui passerait immédiatement au peignage, *sans dégommage*, ce que l'état d'une lanière corticale ne permet pas de comprendre, ajoute M. Rivière

M. Gavelle répond qu'il ne peut que s'en référer à ses déclarations précédentes et que si M. Rivière conteste les déclarations faites en son nom personnel et comme représentant de l'industrie linière, son concours n'a plus raison d'être dans le Congrès.

M. Rivière n'entend pas mettre en doute les dires de M. Gavelle, mais il pense qu'il y a confusion au sujet des opérations applicables à la Ramie dans le traitement en sec qui, suivant lui, ne peut faire passer brusquement la lanière brute à un peignage économique sans opération intermédiaire. Tout en conservant son opinion, il ne croit pas devoir insister devant l'autorité de son collègue.

M. le Président, envisageant les deux avis exprimés, pense qu'ils ne paraissent pas aussi éloignés qu'ils le semblent à première vue et que la réponse à la question posée par M. Favier aidera certainement à les concilier :

Est-il possible de sécher économiquement les tiges de Ramie ?

XII. — *Le Congrès conclut qu'il n'est pas facile de sécher la Ramie avec les moyens connus jusqu'à ce jour.*

La prochaine séance aura lieu le lendemain 30 juin, à 9 h. 1/2 du matin.

Quatrième séance.

SAMEDI 30 JUIN — MATIN

Les membres du Congrès international de la Ramie se sont réunis en séance le samedi 30 juin, à 9 h. 1/2 du matin.

Avant l'ouverture des délibérations, M. Boulland de l'Escale, secrétaire-rédacteur, présente M. Viterbo, délégué du Tonkin, qui a obtenu de M. Nicolas, commissaire de l'Indo-Chine à l'Exposition, l'autorisation de venir dire ce qu'il sait au sujet de la Ramie en Indo-Chine.

M. le Président pose à M. Viterbo trois questions bien distinctes :

La Ramie est-elle cultivée au Tonkin?

La décortique-t-on, et comment ?

Est-elle utilisée sur place? Paraît-elle utilisable en France ?

A ces trois questions, M. Viterbo, qui s'excuse de n'avoir pas eu le temps de préparer des éléments d'information, répond : « Au Tonkin, la Ramie vient partout; les pêcheurs s'en servent pour la fabrication de leurs filets, de leurs cordages; elle a un grand nombre d'utilisations industrielles locales. Quant aux essais de cultures par l'Européen, ils en sont encore à la période de tâtonnement.

« Le décorticage se fait à la main et les indigènes utilisent la Ramie non dégommée.

« Le champ d'expérience est très vaste et sans doute on y pourrait faire d'intéressantes tentatives... Mais encore faudrait-il avoir des acheteurs qui consentent à venir prendre sur place le produit. En général, les colons ont été découragés par l'absence de demandes et par l'insuffisance des prix offerts. »

Sur la demande de M. le Président concernant les tentatives faites par M. Crozat de Fleury, M. Viterbo répond que la mission de M. Crozat de Fleury n'a rien donné; puis en 1889 est venu M. Dumas; et ensuite M. Galianotch dans la province de Hanoï ; mais les uns et les autres n'ont obtenu aucun résultat.

M. le Président rappelle que M. Crozat de Fleury avait proposé à M. Barbe, ministre de l'agriculture, de faire préparer la Ramie à la main par les indigènes et de la faire recevoir en paiement de l'impôt, mais l'administration locale a fait quelques difficultés. M. Viterbo dit que le gouvernement ayant aboli le système du paiement de l'impôt en nature, aujourd'hui une proposition d'établir le paiement de l'impôt en Ramie trouverait les mêmes résistances auprès de l'administration locale.

M. Gavelle-Brière rappelle les divers points de la mission Fleury et M. Viterbo se souvient que les essais ont été infructueux : à cette époque-là, la colonisation était timide, on n'en était pas arrivé encore à la période de pacification dans laquelle l'Indo-Chine est entrée et qui permet de mettre à profit les immenses territoires dont nous disposons.

A la question de M. Cornu : « La quantité produite par les indigènes est-elle considérable ? » M. Viterbo répond : « De Haïphong à Saïgon il y a 1.500 kilomètres de côtes habitées par des pêcheurs; ils ont leur outillage complet en Ramie, mais leur outillage ne provient évidemment que de la petite culture. Leurs procédés de travail sont très simples : ils mettent leur Ramie à rouir, puis ils la décortiquent et la dégomment, mais ce dégommage doit se faire d'une façon tout à fait imparfaite. »

Sur les demandes de MM. Gavelle-Brière et Promio concernant le rouissage, le filage et l'état de la main-d'œuvre s'appliquant à la Ramie, M. Viterbo rappelle encore une fois qu'il n'est pas un spécialiste et qu'il n'est pas préparé pour répondre à toutes ces questions. Cependant il affirme que des entreprises de cette nature trouveraient au Tonkin une situation favorable, une main-d'œuvre abondante, intelligente et à bon marché, c'est-à-dire d'environ 30, 35 et 40 centimes de notre monnaie, change compris, ouvriers non nourris. Le travail aux pièces est praticable, car le métayage donne de très bons résultats.

Si les indigènes indo-chinois sont chétifs en apparence, ce sont de bons travailleurs, résistant à la fatigue et au climat : de plus, ils sont très intelligents.

M. Viterbo termine en disant qu'il ne peut répondre avec précision aux détails qui lui sont demandés sur la décortication, le séchage et la quantité de produits obtenue par jour, mais il prie le Congrès de lui faire un questionnaire auquel il répondra après enquête sur place.

Le Congrès remercie M. Viterbo de ses renseignements et de son précieux concours.

Avant de clore cette discussion, M. Michotte rappelle pourquoi la mission Crozat de Fleury ne pouvait réussir : le procédé que l'on voulait imposer aux indigènes n'avait rien de pratique, et l'administration locale a fort bien fait en ne patronnant pas un mauvais outil et un mauvais système.

Après la déposition de M. Viterbo, le Congrès est entré en séance. M. Boulland de l'Escale a lu le procès-verbal, qui a été adopté, et M. le Président a donné la parole à M. Gavelle-Brière.

L'honorable membre expose que, dans la séance précédente, il s'est produit un malentendu entre M. Rivière et lui au sujet de la possibilité de peigner et filer la Ramie décortiquée à sec sans dégommage préalable. Ce malentendu provient sans doute d'une confusion dans les termes employés. En tous cas, pour qu'aucun doute ne subsiste à ce sujet dans les esprits, M. Gavelle soumet au Congrès une série d'échantillons de fils obtenus avec de la Ramie décortiquée à sec sans aucun dégommage ; ce sont des fils, dit-il, qui répondent aux besoins de la consommation courante — n°s 16 à 20 *filés* à sec et 35 *filés* au mouillé, les uns *écrus*, les autres blanchis après filature.

M. Rivière ne maintient ses doutes que suivant la position de la question. Dans la décortication à sec, telle qu'elle est pratiquée actuellement, peut-on passer immédiatement au peignage d'une lanière dépelliculée ou non ? Il est bien entendu qu'il parle de *lanière* et non de *filasse*.

M. Gavelle-Brière dit que les échantillons qu'il a apportés sont eux-mêmes une réponse péremptoire : ces échantillons sont produits avec de la filasse assouplie et peignée sur les peigneuses *à lin*. Tout l'avantage résulte de ce que la Ramie décortiquée à sec produit une filasse immédiatement utilisable.

M. Promio confirme cette opinion : à Lille, dans deux filatures, il a porté des tiges sèches de Ramie entières, on les a broyées immédiatement et, le soir, il en apportait le fil. Ce résultat a été obtenu grâce à la machine Bray d'Anjou.

M. Rivière ne le conteste pas, mais il ajoute que M. Promio oublie de nous parler du rouissage et du dégommage ; par son procédé il arrive à un rouissage et à un dégommage spécial et préalable. Mais M. Gavelle va plus loin...

M. Gavelle-Brière dit : « Voilà les fils obtenus. Je puis en parler avec d'autant plus d'indépendance que je ne suis l'inventeur d'aucun système. Ce que j'apporte, ce sont des fils obtenus avec des tiges de Ramie n'ayant subi aucune espèce de préparation d'aucune sorte, c'est de la Ramie séchée au soleil, broyée et peignée. »

M. Martel confirme que le produit est très employable ainsi, ce qui n'empêche pas que pour d'autres industries la Ramie en vert peut convenir.

M. Gavelle-Brière signale que le fait acquis est qu'on fait du 35 ; il estime qu'on peut même aller jusqu'au 40 ; or, la grande consommation de la toile se fait dans les numéros 16 à 40 anglais.

M. Rivière trouve qu'en effet ces déclarations réitérées de M. Gavelle ont une importance considérable et il s'étonne que dans ces conditions on se soit trouvé jusqu'à ce jour en présence de difficultés résultant de ce traitement de la Ramie.

Si de simples procédés mécaniques doivent supprimer les aléas du dégommage chimique, on ne saurait trop les rechercher s'ils ne portent pas atteinte à la valeur initiale du produit.

M. Gavelle-Brière dit que ce qui s'est opposé jusqu'ici au développement de l'industrie de la Ramie dans cette voie, c'est qu'il n'existe pas de producteurs de Ramie décortiquée à sec ; il conclut que s'il résulte de la grande expérience de M. Rivière que l'on peut, en faisant des efforts, arriver au séchage de la Ramie, alors nous arriverons à des résultats considérables.

Pour M. Michotte, la question ne paraît pas à beaucoup près aussi simple : depuis vingt ans il présente de la Ramie non dégommée, personne n'en veut.

Pour employer la Ramie décortiquée *en vert*, il faut faire, répond M. Gavelle, un dégommage complet, en n'allant pas, naturellement, jusqu'à en faire de la pâte à papier. Si vous ne dégommez pas entièrement, le produit est mauvais.

La lanière provenant d'une tige décortiquée à l'état vert n'a pas du tout les mêmes propriétés au point de vue de la filature que celle décortiquée à sec.

Pour notre industrie il nous faut de la lanière provenant de fibres séchées.

M. Martel confirme cette opinion. Ces fibres donneraient des résultats excellents. La toile faite avec de la Ramie a des qualités de solidité qu'aucun autre textile ne peut donner.

M. Gavelle, pour compléter la très intéressante consultation de M. Martel, expose la façon dont se pratiquent les opérations de blanchissage.

M. Martel conclut donc que ce produit se prête à toutes les opérations et il a de plus un grand avantage sur beaucoup d'autres : il se prête, aussi bien que la soie, à la teinture.

M. Rivière ne nie pas la valeur de toutes ces observations, mais il dit qu'en assimilant le lin à la Ramie, l'on a oublié un élément important, le rouissage. Or, il demande si la Ramie pourrait supporter, avant ou après le traitement mécanique, le dégommage.

M. Gavelle-Brière reconnaît tout d'abord à la Ramie cet avantage énorme que le bois n'adhère pas à l'écorce, très grande difficulté rencontrée avec le lin. Le bois ne tenant pas, on peut passer immédiatement au peignage, sans rouissage ; quelques manipulations préliminaires donnent un dégommage mécanique suffisant.

Sur une question qui lui est posée au sujet des échantillons qu'il a présentés au Congrès, M. Gavelle-Brière répond : il n'y a aucune préparation, ni gazeuse, ni chimique, aux produits qu'il a présentés.

M. Rivière revient encore sur le même ordre d'idées : la défibration complète en sec aurait besoin d'une manipulation spéciale, comme le dit M. Gavelle-Brière, ce qui est une sorte de dégommage par élimination mécanique des matières agglutinatives.

Il a vu de très bons produits obtenus par des machines ou par des bains chimiques. Soumises à une préparation préalable gazeuse ou dessiccative, il a vu des tiges rendre facilement des fibres libres après un simple broyage.

C'est aussi par le moyen mécanique que M. Lacote a obtenu d'emblée une défibration telle que la demande M. Gavelle-Brière, et que M. Faure obtient des lanières dépelliculées et même *défibrées* par le travail en vert.

Tout cela prouve, ajoute M. Rivière, qu'il y a dans cette voie des progrès considérables peu éloignés d'atteindre le but recherché, mais il s'agit de déterminer si ces produits utiles à certaines industries sont bien en rapport avec la beauté et les qualités de la Ramie. Pour lui, il ne voit pas la place de ce textile dans les usages grossiers, dans la corderie, il ne voit pas encore la Ramie comme succédané du lin, mais ayant bien sa valeur propre à côté de ce dernier. Il demande à l'industrie de conserver et d'utiliser ses qualités natives, qui sont la finesse et la force.

M. Gavelle insiste sur la question qu'il a posée. Le fait acquis est le suivant : on peut faire des fils de différents numéros *sans aucune espèce de préparation chimique*. Il est bien d'avis, comme M. Rivière, que la Ramie ne doit pas viser à *remplacer* le lin, mais au contraire à entrer en composition avec lui.

M. Marcou confirme que la machinerie donne de très belles lanières en sec, dépelliculées et même *défibrées*, pouvant être employées de suite par certaines industries. Cependant, M. Michotte se demande comment, en présence d'opinions si bien affirmées sur le travail en sec, dont on ne parlait plus, on n'ait pas abordé le problème de la dessiccation sur place de la matière première, et que, pour ainsi dire, rien n'ait été tenté dans ce but.

C'est en effet, déclare M. Gavelle-Brière, le seul point important à résoudre. Or, il semble démontré qu'il n'existe pas actuellement de producteurs de Ramie ayant en vue le traitement en sec.

M. Favier conclut que le courant d'idées que l'on signale et qui s'affirme par nos délibérations en faveur du traitement en sec est nouveau. Si l'on avait dit cela il y a dix ans, la Ramie aurait fait son chemin ; mais il y avait alors un tel courant en faveur de la Ramie à l'état vert qu'on avait abandonné complètement l'idée de la fabrication à l'état sec.

M. le Président. — C'est justement là un des résultats considérables de ce Congrès, d'avoir fait sortir cette affirmation. Il est certain qu'en 1891 nos idées étaient tout autres.

M. Pümping. — De ce qu'on nous demande de ce côté de la Ramie à l'état sec, il ne faut pas conclure que la Ramie en vert ne vaut rien. Je vous l'ai déjà dit, je n'utilise, quant à moi, que de la Ramie en vert. J'ajouterai qu'on a fait l'an dernier des essais en Allemagne avec la machine Faure et qu'on a obtenu un rendement énorme, beaucoup plus grand en vert qu'en sec. Peut-être pour les gros fils le sec est-il possible ; mais pour le fin, je puis affirmer par expérience que le vert est préférable.

Toutefois, je reconnais que les échantillons apportés par M. Gavelle-Brière sont superbes et que c'est là un fil qui me paraît appelé à un grand avenir.

Questionné par M. Rivière sur le matériel nécessaire à ce produit, M. Gavelle-Brière répond que le matériel ordinaire du lin est suffisant. Quant au dégommage, il n'y a pas à s'en préoccuper ; une simple opération d'assouplissage suffit à débarrasser la Ramie de son excès de gomme. Qu'on nous donne de la lanière sans la pellicule, et on fera du fil.

M. Promio ajoute aux renseignements si précis de M. Gavelle-Brière, et pour répondre en même temps aux questions réitérées de M. Michotte au sujet du séchage, qu'il espère démontrer d'ici au mois d'octobre que le séchage de la Ramie est possible et même pratique.

M. le Président, après un échange d'observations sur les procédés de dessiccation, conclut : « Nous sommes heureux de penser que la question du séchage sera, elle aussi, résolue ; elle devient de plus en plus importante, puisque nos débats ont démontré que la Ramie à l'état sec est d'une utilisation industrielle immédiate. »

La séance est levée.

Cinquième séance.

Les membres du Congrès international de la Ramie se sont réunis le samedi 30 juin au local ordinaire de leurs séances.

La réunion, qui est la dernière de cette session, est particulièrement nombreuse.

M. le Président rappelle que, dans les séances précédentes, le Congrès a obtenu des résultats considérables au point de vue de l'utilisation de la Ramie traitée en sec. Il ressort des délibérations du Congrès que ce procédé paraît être appelé à un grand avenir. Néanmoins il y a intérêt à poursuivre l'utilisation de la Ramie à l'état vert, dont les emplois, sans être très nombreux encore, sont cependant très pratiques.

M. Gavelle-Brière est de cet avis. Ce n'est pas une raison parce qu'il a indiqué quels débouchés considérables sont réservés à la Ramie à l'état sec, pour qu'il pense que la Ramie à l'état vert doive être négligée. La Ramie à l'état vert, suivie de dégommage, peut prendre une très grande place dans l'industrie de la laine. Mais il y a, d'après lui, une première condition *sine quâ non*. Il faut arriver à faire disparaître ce qu'on appelle les flammes, c'est-à-dire les parties agglutinées qui subsistent dans les fibres. Le jour où on arrivera à remédier à cet inconvénient, on trouvera dans l'industrie de la laine, pour la Ramie en vert, des débouchés peut-être égaux à ceux qu'on trouvera pour la Ramie en sec dans la filature du lin.

Suivant M. Cornu, il semble que la question du dégommage soit, elle aussi, très importante à résoudre. On a beaucoup parlé des lanières traitées en vert et en sec; or, les chimistes, et non les moindres, MM. Fremy et Ferret, par exemple, ont trouvé des difficultés plus grandes quand la gomme était passée à l'état sec. Pour le china-grass, il est dégommé en général plus ou moins profondément. Il serait bon d'examiner s'il ne conviendrait pas de dégommer immédiatement sur place le travail de la journée ou s'il convient d'attendre au lendemain.

M. Michotte s'explique sur la question du dégommage. Il la croit très simple. Pour lui, il n'y a pas à chercher si on doit dégommer en vert ou en sec. Toute la question, c'est de savoir dégommer. Il y a là toute une industrie à créer, car le dégommage sur place n'est pas pratique, le cultivateur ne le fera pas lui-même; il faut que le dégommeur vienne acheter la matière première et en débarrasse le producteur.

M. Gavelle-Brière. — Il est certain qu'actuellement personne ne dégomme bien. Il n'y a pas de filasse dégommée qui permette d'obtenir un peigné parfait.

M. Duponchel. — Naturellement, il n'existe pas de procédé qui puisse bien dissoudre la pellicule, mais de là à dire qu'il n'y a pas moyen d'enlever la pellicule, il y a un pas... Il pourrait montrer à l'exposition de l'Algérie des peignés de Ramie remarquables.

M. Briard dit qu'il existe des parties ligneuses qui sont un obstacle au peignage. Néanmoins il vend de la laine et de la Ramie peignée à Roubaix et à Tourcoing. Il a trouvé les peigneuses nécessaires, donc elles existent.

M. le Président. — Messieurs, ce nouveau résultat obtenu est très important. D'une part, M. Gavelle-Brière nous dit que l'une des utilisations les plus importantes de la Ramie pourrait être le mélange avec la laine, mais que l'obstacle à l'extension de cet emploi, c'est qu'il existe des particules solides qui subsistent et semblent indiquer un dégommage imparfait ; ce serait alors une affaire de machinerie ; et d'autre part un membre nous affirme qu'il existe des peigneuses capables de faire ce travail.

M. Favier affirme que s'il veut faire du peigné parfait, il l'obtient (c'est une question de machines), mais dans des conditions qui ne sont pas économiques...

M. le Président. — Peut-on se rendre compte exactement si les déchets sont ligneux ou non ?

Pour M. Favier, les parties ligneuses qui sont un obstacle au peignage sont du bois, qu'aucun dégommage ne peut faire disparaître, et pour M. Pümpin elles proviennent des tiges qui ont été coupées trop mûres.

M. Duponchel a en effet constaté que les parties ligneuses étaient plus importantes quand la Ramie était plus mûre.

M. Cornu. — C'est le procès des coupes tardives que vous faites là, Messieurs. Ainsi, d'après vous, il vaudrait mieux faire de nombreuses coupes précoces ?

M. Gavelle-Brière reconnaît qu'il est très utile de faire les coupes en temps opportun, pour faciliter le dégommage.

M. Michotte dit qu'il semble résulter du remarquable rapport de M. Rivière et de ces débats que, si on ne peut pas dissoudre la pellicule, il n'y a pas de lanière utilisable. Or, à son avis, on le peut.

M. Favier affirme que le traitement des lanières est impossible ou tellement onéreux qu'il faut y renoncer. Il faut compter 40 centimes par kilog. pour le china-grass, et 80 centimes pour la lanière, et il en donne les raisons.

M. Pümpin est d'accord avec M. Favier. Il a fait des essais avec de la lanière brute ; et il soutient que si on veut arriver à l'utiliser chimiquement, il faut des matières beaucoup plus actives que celles qu'il connaît. En Allemagne, les mêmes expériences ont donné les mêmes résultats. On a fait des essais sur des filasses non dégommées et sur des lanières de décortication en vert ; les résultats pour cette dernière ont été bien supérieurs.

M. Cornu. — Messieurs, il y a deux théories sur le dégommage : la première consisterait à dégommer et dépelliculer en même temps ; la seconde à dégommer des lanières déjà dépelliculées. Je vous soumets deux motions :

« 1° Il convient de dégommer principalement les lanières dépelliculées, parce que, si on veut faire les deux à la fois, on obtient un résultat moins bon et coûtant plus cher » ;

2° « Si on veut, par un procédé chimique, dépelliculer et dégommer, on est en présence d'une opération difficile à réussir. Si on ne veut que dégommer les lanières dépelliculées, cela est moins difficile et moins coûteux. »

Je pense que toutes les fois qu'on veut dégommer, il faut avoir de la Ramie à l'état vert, et je conclus :

XIII. — *Quand on veut dégommer des lanières, il est plus facile de dégommer des lanières dépelliculées.*

Adopté par 8 voix contre 3 : beaucoup d'abstentions.

— L'un des obstacles, vous a-t-on dit, continue M. le Président, au mélange de la Ramie dégommée avec de la laine, c'est la présence d'imperfections dans le peigné.

La question qu'on nous pose au sujet des parties de lanières qui sont un obstacle au peignage demande quelques jours d'études et d'expériences. Il s'agit de savoir si nous avons affaire à du bois, à du collenchyme ou à toute autre matière. Nous vous demanderons de nous envoyer des échantillons, et nous pourrons alors nous prononcer dans quelques jours.

En attendant, je vous soumets cette nouvelle proposition :

XIV. — *Le seul obstacle à l'emploi du peigné de Ramie dans l'industrie de la laine, c'est la présence de parties solides et qu'on appelle en industrie les flammes.*

ADOPTÉ A L'UNANIMITÉ.

M. Rivière pose cette question : « La [défibration mécanique est-elle utile ou non ? Faut-il la chercher à l'état vert, et faut-il conserver le parallélisme des fibres ? « M. Favier pense qu'il faut des fibres parallèles au début, et qu'il faut maintenir le parallélisme autant que possible sur des longueurs de 1 ^{m} 60 par exemple.

M. Rivière cite ce qui se passe avec la machine Dear, qui produit un grand travail. Les fibres n'ont évidemment pas ce parallélisme absolu, conservé par nos belles machines françaises. Mais des fabricants prétendent que les brins de 40 à 50 centimètres suffisent à la filature. En outre, l'économie paraît résulter de la grande quantité de matière produite par cette machine, qui ne laisse rien perdre.

M. Gavelle-Brière pense que le procédé signalé ne pourrait être justifié que par l'extrême bon marché, et qu'il ne peut servir que pour des produits inférieurs ; pour les nécessités du peignage, il faut le parallélisme et des longueurs égales ; or, la machine Dear ne doit donner que des longueurs inégales et des fils pointus.

M. Favier est d'avis qu'il faut en effet des fibres bien parallèles et de toute leur longueur ; il les a obtenues.

M. Rivière insiste sur cette question : « Les traitements divers doivent-ils conserver à la Ramie son parallélisme absolu et sa longueur ? »

M. Faure. — Messieurs, je n'ai pu assister à vos précédentes délibérations, mais, sur le point qui vous occupe, je puis vous dire ceci : je prends une tige de Ramie, je donne des fibres absolument parallèles, peignées comme aucune autre machine ne peut les peigner, avec un minimum de gomme inappréciable et j'arrive à vous donner un produit qui est superbe.

Si je compare certaines machines à la mienne, je vous dis ceci : « Je puis vous donner des lanières absolument pures, ayant une homogénéité parfaite et quelques pour cent de gomme en moins ».

M. Gavelle-Brière. — Messieurs, voici ce que je me permets de déclarer :

XV. — *En principe, il faut maintenir, dans la préparation des lanières dépelliculées et défibrées, le parallélisme sur toute la longueur, à moins que, par un autre procédé, on n'obtienne une économie assez considérable pour mériter d'être prise en considération.*

La proposition de M. Gavelle, mise aux voix, est ADOPTÉE A L'UNANIMITÉ.

M. le Président. — Messieurs, nous arrivons à l'étude des principaux agents à employer dans le cas de dégommage. La plupart des membres du Congrès sont d'avis que l'étude de cette question doit être renvoyée au mois d'octobre.

M. RIVIÈRE. — Messieurs, il reste à présenter une dernière observation. La question de la Ramie a fait un pas considérable. On peut l'envisager aujourd'hui sous un jour plus favorable, mais nous pouvons bien dire que, dans tous les pays du monde, elle paraît un peu brûlée ; tant de difficultés se sont produites qu'il paraît difficile d'y intéresser les capitalistes et même les industriels. Et cependant l'industrie se trouve en présence d'une situation difficile, que l'emploi de la Ramie pourrait résoudre : le cultivateur ne veut plus faire de lin ni de chanvre; cela est tellement certain, que le gouvernement lui-même l'a senti, et qu'il donne des primes assez considérables aux agriculteurs qui consentent à semer encore du lin et du chanvre. D'autre part, nos colonies ne font pas ou presque pas de coton; l'état économique de la main-d'œuvre pour les unes, et l'état climatérique pour les autres, ne le leur permet pas. Comment remplacer ces matières premières de nos industries textiles ? Il faudrait revenir à la Ramie. Nous, nous avons essayé de la Ramie sur une petite échelle, nous n'avons pas réussi à la placer; nous avons fait, cultivateurs, de très belles cultures, mais pendant vingt ans nous sommes restés avec notre Ramie sur les bras; quand nous réussissions à produire d'excellentes lanières, on nous en offrait 18 et 20 francs les 100 kilos ; la petite culture s'est lassée, et je crois que solliciter actuellement le cultivateur de faire de la Ramie, c'est perdre son temps. Il faudrait donc que ceux qui s'intéressent à la Ramie parce qu'ils en ont besoin donnent l'exemple en faisant eux-mêmes des plantations de Ramie capables de satisfaire à leurs besoins. Les personnes qui s'intéressent à la Ramie devraient essayer de grandes plantations pour alimenter leurs industries. L'Algérie s'offre à cet égard comme un champ de production suffisamment vaste au début. Il me semble que tous les efforts des gros industriels doivent porter sur ce point de notre domaine colonial, au moins dans la première phase.

M. Poisson est d'avis que M. Rivière a raison quand il préconise les grandes plantations, mais il voudrait voir mettre en valeur, sous le contrôle de l'État, des terrains choisis par lui, au Tonkin par exemple.

M. Rivière. — *Timeo Danaos et dona ferentes;* il faut craindre l'Etat, même dans ses libéralités. Pour lui, la question se résume à ceci : l'industrie a-t-elle besoin de Ramie? Alors elle saura en trouver.

M. Faure. — La Ramie ne vivra pas quand les textiles seront à un prix excessivement bas. Je pense que la première chose serait de créer une usine centrale dans des terrains propices à la culture de la Ramie, auprès d'une force motrice hydraulique de préférence. En procédant ainsi, on établirait un cours : nous achetons la matière première tant, nous vendons tant...

M. Michotte estime qu'avant de créer une usine centrale, il faudrait que les grandes sociétés commençassent par faire des plantations.

M. Promio est de l'avis de M. Faure. Il faut encourager la culture en lui montrant qu'on est prêt à utiliser la Ramie. Pour cela, la création d'une usine centrale serait excellente, car la résistance des cultivateurs provient d'un doute sur la réussite et du prix trop élevé des plants.

M. Rivière, dans une étude magistrale et fort applaudie, développe cette idée que le champ d'exploitation doit varier selon les pays. « Au début, il faut de grandes étendues et des moyens puissants d'action; la deuxième phase appartient à la petite culture et à l'exploitation familiale... Le jour où on donnera à la petite culture des procédés déjà expérimentés sur les grandes exploitations et d'une réussite absolue, l'avenir de la Ramie sera assuré. C'est à vous, Messieurs, que je demanderai de faire de nouveaux efforts si vous en avez déjà tenté et de procéder par des créations nouvelles, si vous avez besoin de la Ramie ou si vous croyez à son prochain développement sur les bases que notre Congrès a indiquées et qui me paraissent des plus sérieuses. »

M. Favier déclare que, quant à lui, il espère reprendre un jour ses travaux passés en ce qui concerne la production de la Ramie.

Un membre déclare qu'un industriel, dans le Nord, a acheté au Caucase une plantation de quarante-cinq hectares de Ramie. La première récolte aura lieu en octobre prochain, et dès à présent il montre une serviette de luxe obtenue avec de la Ramie du Caucase.

Cet échantillon circule parmi les membres du Congrès, qui en apprécient la finesse et la résistance.

M. le Président rappelle à ce propos qu'il a visité ces régions et qu'il y a observé en effet des tiges admirables.

Il existe un dernier point de vue à envisager : quel peut être le prix d'achat pour l'industriel pour la Ramie décortiquée en vert ?

Etablissons, par exemple, un rapport entre la Ramie de 600 à 700 francs la tonne avec le lin dans la même qualité que les échantillons présentés par M. Gavelle-Brière.

M. le Président résume la question : La Ramie traitée dans de bonnes conditions vaut-elle un bon lin ordinaire ?

Une discussion s'engage sur ces chiffres, les uns estiment qu'il faut compter 65, les autres 70 et 75 francs les 100 kilos. M. Promio affirme que, dans le Nord, certaines filatures ont estimé le produit à 75 francs. M. Pümping dit que 70 francs est un prix raisonnable.

M. Cornu résume la discussion : La filasse décortiquée à l'état vert à 70 francs est un prix élevé. Et M. Rivière conclut ainsi :

XVI. — *Le produit d'un hectare pouvant donner par an 2.800 francs, 2.500 est un prix moyen dans lequel on reconnaît que toutes les manipulations peuvent être comprises en laissant un bénéfice raisonnable à tous ceux qui y ont pris part.*

Cette motion est ADOPTÉE.

M. le Président. — Messieurs, vous avez terminé vos travaux. Ils donneront, j'en suis convaincu, des résultats considérables. Vos discussions parfois vives ont toujours été courtoises. Je vous remercie et je vous donne rendez-vous pour le mois d'octobre prochain. (*Vifs applaudissements.*)

Un membre, interprète du Congrès, remercie le Bureau de sa lourde tâche, et il étend ses remerciements à l'Administration de l'exposition coloniale pour sa gracieuse hospitalité.

La première session du Congrès de la Ramie est close.